U0257076

　　本书是教育部人文社会科学研究规划基金项目"农民工职业健康服务管理的企业实现机制"（批准号：10YJA840043）的最终成果；昆明医科大学"十三五"校级学科建设项目公共管理一级学科建设成果；昆明医科大学医学人文协同创新团队建设成果。

王彦斌　张瑞宏　赵晓荣｜著

农民工职业健康服务管理

一个组织社会责任的视角

OCCUPATIONAL HEALTH
AND SAFETY MANAGEMENT
FOR NONGMIN WORKER

社会科学文献出版社
SOCIAL SCIENCES ACADEMIC PRESS (CHINA)

序 言

随着人类文明的进步和对社会正义的追求，职业健康服务管理开始从作为特殊行业领域的问题渐渐成为具有公共性的社会议题，其涉及的内容是防范与治疗劳动者因从事各种职业性工作而引起的疾病以及各种急性、亚急性的职业性危害，更重要的是为职业劳动者提供一个健康的工作场所和环境，以保护劳动者的健康及其相关权益，促进经济社会发展。职业健康服务管理之所以能够随着社会的发展渐渐为人们所重视，与社会进步过程中科学技术水平的提升有重要关系，更与人类对社会公平正义的不懈追求有直接关联。随着人类对人的生命价值倾注越来越多的人文关怀，人们开始对职业健康服务管理日益重视，随之而来的是职业健康服务管理应有的覆盖面也在渐渐扩展，从最初仅仅界定为职业工作过程中导致的身体伤害到现在从事职业工作过程中导致的心理压力，都成为引起关注的职业健康服务管理问题。20 世纪中后期，一些发达国家开始对职业健康服务管理进行深入和全面的研究，随之建立起了相对健全的职业健康安全管理体系。从 20 世纪 80 年代后期开始，作为后工业化时代管理方法之一的职业健康安全管理体系（Occupational Health and Safety Management System，OHSMS）构建成为国际范围，尤其是发达国家健康安全管理的新热点。

2001 年，国际劳工组织（International Labour Organization, ILO）正式将 4 月 28 日定为"世界工作安全与健康日"（World Day for Safety and Health at Work），并作为联合国官方纪念日。从两年以后的 2003 年开始，国际劳工组织都会在 4 月 28 日这一天举行纪念活动，在全球范围内各个层面推动安全、健康和体面的工作。也就是在国际劳工组织正式确定"世界工作安全与健康日"的 2001 年，《中华人民共和国职业病防治法》正式以法律的形式在第九届全国人民代表大会常务委员会第二十四次会议上通过，此后分别于 2011 年、2016 年和 2017 年由全国人民代表大会常务委员会会议修正。

在中国，由于在突飞猛进的现代化进程中出现了大量职业健康服务事故，党和国家领导人多次强调，要把人们的健康安全放到首位。国家相关部门多次颁布相应的职业健康安全管理的文件，1999 年颁布了《职业健康安全管理体系试行标准》，2001 年正式颁布并于 2011 年重新修订了《职业健康安全管理体系规范》。这项标准与目前国际通行的 OHSMS 内容基本一致。

2009 年"张海超'开胸验肺'事件"的出现，使得整个中国社会开始把本来是隐性层面的职业健康服务问题推到了显性的层面。保证健康是人的基本生存权利，关注职业健康服务问题就是关注人的基本权利，这是一个在理念上涉及社会公平正义的问题；同时，对职业健康服务问题的关注与研究也顺应了国际和社会发展的趋势。

2015 年，中国政府推出"健康中国"战略后，国家相关职能部门分别制定了《"健康中国 2030"规划纲要》《中共中央国务院关于推进安全生产领域改革发展的意见》《国家职业病防治规划（2016—2020 年）》《安全生产"十三五"规划》等政策，使职业健康安全工作的具体落实有了更具体的制度保障措施。

本书讨论的核心是职业健康服务管理问题，实际上"职业安全"概念是包含在"职业健康"概念中的一个子概念，因此职业健康服务管理就理所当然地包含职业安全服务管理。按世界卫生组织（World Health Organization，WHO）对健康的理解：健康不仅仅指没有疾病，还指人的躯体、精神和社会适应性完美的状态。因此，职业健康服务的内容，不仅仅指因职业工作而引起的疾病，还应该是包含促进和保护职业人群在躯体、精神和社会适应完美状态的诸方面，由此当然更应该包含职业健康安全的工作环境。从最新颁布的国际标准 ISO 45001：2018《职业健康安全管理体系要求及使用指南》（Occupational health and safety management systems Require ments with guidance for use）看，这个关于职业健康安全管理体系的第一个国际标准采用的表达方式是"Occupational health and safety"，另从中国颁布的《职业健康安全管理体系规范》看，也是简单表述为"职业健康安全"。从与国际 ISO 标准接轨，也从简练文字的角度考虑，本书使用"职业健康安全"概念讨论职业健康和安全的问题，书中部分文字仍然使用"职业健康"，其意义与之相同。

在经济社会发展的今天，职业健康安全问题已是公共领域的一个重要议题。由于当代社会中的人们，大都必须以一定的职业工作实现自身的生存与发展，职业健康安全成为全体社会成员对自身生存权和发展权的最低需求。因此，职业健康安全服务管理是一个具有全局性的问题，具有公共性的特征。近些年随着经济与社会的加速发展，大量的农民工从乡村到城市从事职业性工作。他们从事的这些职业性工作又大多为一些职业健康安全保护困难或是较差的工作，因而工作常常会对其身体产生直接或间接的伤害。因此，农民工的职业健康安全问题就变得比较突出。

尽管国家已经制定了相关的法律法规，尤其是 2001 年专门制定了职业病防治法，但这些法律的执行与用工单位的法律意识相关，还涉及诸多其他因素。以往大多数研究者的研究更多的是把着眼点放到用工单位是否履行了相应的职业健康安全保护职责上，但本书的研究发现，作为一项具有公共性的公共服务，仅仅从用工单位是否履行法律规定的单一视角解决此问题确实难以奏效。本书的调查和在此基础上的研究也证明了用人单位很难落实好主体责任，政府部门也因机构设置、人员配备及现实条件等多方面因素很难监管到位，所以对于职业健康安全的监管工作必须转换视角，政府及其他社会组织也应该参与其中并服务于企业和劳动者，通过企业、政府和社会的互动与合作，实现共赢与和谐。

本书的研究分为两个大的部分，一是基于经验调查的研究，二是对相关问题的深入研究。

第一部分对一个大型国有企业的调查实证资料并结合中国企业目前的一般状况进行研究，以该企业集团为整体的制度背景，探讨不同的子公司对于集团公司职业健康安全制度的执行情况及其对不同性质员工的影响。由于在中国职业健康服务管理的问题在以农民工为主体的群体中表现得尤其突出，而既往关于农民工职业健康服务管理的相关研究只是理论应然性的讨论，而实证研究又只是在企业外围展开调查且理论研究不足。为了克服以往一些研究农民工健康问题仅仅简单地呈现中国农民工的"悲惨"生活状况和对用工企业进行尖刻的道德谴责，以及对政府监管部门工作的"不负责任"指责等的不足，本书通过深入企业对企业内农民工与正式员工诸多方面状况进行剖析的同时，关注企业场域相关的政府部门，围绕农民工职业健康安全问题进行研究。

第二部分是对一些与农民工的职业健康安全相关的问题，以及与普遍意义上的职业健康安全相关问题进行深入的讨论，以使职业健康安全的问题能够在"健康中国"的战略国策推进过程中得到更深入的认识，使得中国卫生健康委员会的口号"健康中国，职业健康先行"成为每一个从事职业工作的人的公共福利。"健康中国2030"规划纲要强调要把人民健康放在优先发展的战略地位，这实际上说明，中国政府进一步认识到国人的健康对于国家的发展是至关重要的。职业健康安全服务是一种公共产品，需要全社会的共同努力才能全面实现，农民工职业健康安全服务更是如此。企业应该力争从战略性社会责任的角度去思考和履行包含农民工职业健康的社会责任，这于企业是有利的；全社会应该建构政府、企业和除政府企业外的第三方力量，包括各类社会团体的职业健康安全服务结构并形成相互促进的机制，从根本上保证农民工的职业健康。

本书基于组织社会责任的角度，把职业健康服务管理视作企业组织社会责任的基础，并探讨其实现的内外部机制，通过深入一个国有特大型企业组织内部进行全面研究，取得了突破性进展。研究发现，企业组织实施的农民工职业健康服务管理中既有集团公司整体一致的制度安排，又有子公司本身因其特点差异而设置的具体制度安排。集团公司完全按照国家的法律法规制定了较完善的企业组织安全与职业健康服务规则，但在具体执行层面不同的子公司出现了诸多的差异性。基于对这个大型国有企业组织的调查实证资料并结合中国企业组织目前的一般状况进行研究，本书得出了企业组织目前在职业健康服务管理社会责任的承担中面临种种窘境和困难，以及实际上在当前既有的制度安排背景下职业健康服务管理意识强的企业组织也是可以比其他企业组织做得更好的研究结论；同时还提出了政府在职业健康安全服务适应性发展过程中必须注意制度扩容与结构重塑的应对策略。

从研究结论得到的启迪意义是，在既有制度安排背景下，职业健康服务的良好实现，需要企业组织主动承担相应的企业组织社会责任，视其为发展的战略性责任。企业组织的主动性尤为重要，也需要政府与社会进一步根据"健康中国"战略发展需要承担相应责任，唯有全社会共同努力才有可能把职业健康安全服务管理这项具有公共性特征的事业更好地完成。

其实任何组织都存在与职业健康相关问题，组织的专门性工作常常意味着其组织成员的"职业性"工作任务可能导致人的身体某些方面的"过载"或因"意外"而出现职业性疾病。职业健康服务是每一组织的一种基础性社会责任，同时又具有公共性特性，相信在中国目前正在推进的"健康中国"战略过程中，职业健康服务问题会越来越受到社会各方的高度重视。

本书付梓之际，正值 2018 年中国第 17 个《中华人民共和国职业病防治法》宣传周。"健康中国，职业健康先行"是这一年的宣传主题，本书的主题与此不谋而合，希望中国的职业健康事业能够借"健康中国"之势，得到顺利发展。

王彦斌

2018 年 5 月 1 日

目　录

第二编　职业健康服务管理场域构建

图表目录

第一编

农民工职业健康管理的现状与机制

本书是基于对一个大型国有企业的调查实证资料并结合中国企业目前的一般状况进行的。为了克服以往一些研究仅仅简单地呈现中国农民工的"悲惨"生活状况和对用工企业进行的尖刻的道德谴责，以及对政府监管部门工作"不负责任"的指责等不足，本研究围绕农民工职业健康问题，深入企业对企业内农民工与正式员工诸多方面状况进行剖析，同时关注与企业场域相关的政府部门，来探讨相关问题。

在中国，职业健康管理的问题在以农民工为主体的群体中表现得尤其突出，而既往关于农民工职业健康管理的相关研究多只是理论应然性讨论，而实证研究又只是在企业外围展开且理论不足。这项研究把职业健康管理视作企业社会责任的基础，并探讨其实现的内外部机制，通过深入一个国有特大型企业内部进行全面研究，取得了突破性进展。研究发现，企业实施的农民工职业健康管理中既有集团公司整体一致的制度安排，又有子公司因本身特点差异而设置的具体制度安排。集团公司按照国家的法律法规制定了较完善的企业安全与职业健康管理规则，但在具体执行层面上不同的子公司出现了诸多的差异。基于对这个大型国有企业的调查实证资料并结合中国企业目前的一般状况，本研究得出如下结论，即企业目前在职业健康管理中面临种种窘境和困难，而在当前既有的制度安排背景下职业健康管理意识强的企业也是可以比其他企业做得更好的。同时该项研究还提出了政府在职业安全与健康服务适应性发展过程中必须注意制度扩容与结构重塑这一对策建议。从该研究结论得到的启迪是，在既有的制度安排背景下，企业的主动性尤为重要，但唯有全社会共同努力才有可能把职业健康管理这项具有公共性特征的事业完成。这项研究为职业健康管理在当前的改善和未来的推进提供了较好的实证资料。

本研究的具体结论如下。

第一，企业中农民工的职业安全健康服务提供相对低于正式在编员工。一方面，农民工的职业健康意识和行为能力弱于正式员工；另一方面，企业在相应的福利性健康服务管理中未妥善考虑农民工。

第二，企业承担职业安全健康服务社会责任是一个不断提高和完善的过程。在当前中国经济社会发展的现实条件下，企业作为经济体正在努力承担职业健康服务管理的应有责任。但企业自身提供农民工职业安全健康服务存在心有余而力不足的问题，这种责任的承担是一个不断渐进的过程，承担责任的能力也会在这个过程中渐渐地得到提升。

第三，农民工职业安全健康服务社会责任的实现依赖于全社会的共同努力。职业安全健康服务是一种公共产品，需要全社会的共同努力才能全面实现。一方面，企业应该力争从战略性社会责任的角度去思考和履行农民工职业健康的社会责任，这对企业是有利的；另一方面，应该建构由政府、企业和除政府和企业外的第三方力量即各类社会团体组成的农民工职业安全健康服务结构。

第四，农民工职业安全健康服务企业社会责任的实现需要在新形势下进行制度创新。应基于政府、企业和第三方力量合作共治的角度，从以下几个方面进行制度创新：一是职业安全健康工作的顾问及信息咨询制度；二是职业安全健康培训制度；三是职业伤病保险和社会保障体系的协同制度；四是微型企业、中小企业和非正规经济主体的资源条件支持机制；五是国家和企业围绕职业风险或危害的源头治理、控制和评估制度，以及职业安全健康文化建设的协商制度；六是以工会为主的相关社会团体的服务制度；七是政策法规效力公示制度。

第一章

导 论

一 研究背景及意义

（一）研究背景

根据国际劳工组织近年的统计数字，全世界每年发生的各类伤亡事故大约为 2.5 亿起，每年死于工伤事故和职业病危害的人数约为 110 万，其中约 25% 为职业病引起的死亡。在这些工伤事故和职业危害中，发生在发展中国家的比例甚高。多年来，重大恶性工伤事故频频发生与职业病人数居高不下一直是困扰我国经济社会发展的难题。[1] 在中国，人数达到 2.7 亿的农民工遭遇工伤事故和职业危害，他们发生职业病和工伤事故的数量是呈逐年增长趋势的。当前农民工已成为我国产业工人中的重要组成部分，对农民工职业健康问题必须引起充分的重视，忽视这个问题不仅会对农民工本人的身体健康造成不良影响，也会在组织层面上造成

---

[1] 王开玉：《安全发展的实践与思考》，《国家安全生产监督管理总局调查研究》2006 年第 4 期。

不利影响，还会由此引起社会层面的不安定因素并引发更多的社会性事件。

本书研究的目的是探讨在当前中国社会转型期的社会经济条件下，企业作为承担责任的主要社会主体，如何创造条件改善农民工职业健康服务，促进和保障农民工在安全健康的工作条件下参与国家和社会的生产建设。

中国政府过去把职业健康管理主要放在卫生系统，现调整到安全生产监督系统，直接把其看成生产安全的一部分，这是以人为本的科学发展观的具体体现。2006 年 2 月在中国首届"中国·企业社会责任国际论坛"上，卫生部部长高强做了题为"保护职工的健康和安全是企业重要的社会责任"的演讲。从 2005 年至 2016 年，国务院办公厅多次印发《国家职业病防治规划》。由于控制职业危害的主体是企业，企业应该对所雇用的员工承担起相应的职业健康管理的社会责任。而在各种身份地位的劳动者中，农民工的职业健康问题最为突出。主要原因为农民工是廉价劳动力的来源，高强度超负荷的工作条件和艰苦的环境使他们的基本健康遭到透支，许多企业没给他们提供相应的培训和劳动防护，加上缺乏医疗保险等社会保险，这些都使农民工的职业健康成为严重问题。2006 年 3 月，《国务院关于解决农民工问题的若干意见》出台，历数了企业农民工管理的种种不足，其中对职业病和工伤事故及在解决相应问题中的企业责任做了说明。2010 年中央一号文件特别强调，要"加强职业病防治和农民工的健康服务"，而这主要依赖于企业的保障性行为。

（二）保障农民工职业安全健康权益的现实意义

1. 保障基本人权的体现

职业安全健康权利属于人权的一部分，是劳动关系领域的派生权利，其实质是劳动者的生命健康权。职业安全健康权利是指劳动者在职业劳动中人身安全和健康获得保障，免遭职业伤害的权利。① 生命和身体健康是每个公民最高的人格利益，包括生命权、身体权和健康权。侵害生命健康权的违法行为分为三类，其一，侵害生命权，即致人死亡；其二，侵害身体权，即伤害身体的完整性；其三，侵害健康权，即损害身体健康。② 在劳动关系领域，侵害生命权表现为劳动者在诸如矿难、火灾、爆炸等重大事故中身亡；侵害身体权表现为如断肢、硅肺、尘肺等机械致残和化学致残；侵害健康权表现为劳动强度大、过度疲劳、精神和心理高度紧张、工作条件恶劣等有损身体健康的情况。保障农民工的职业安全健康权益的首要任务是保护农民工在职业中的人身安全，这不仅是对劳动者的生命和健康权利的保护，也是保障基本人权的体现，同时，能够反映一个国家在经济发展过程中对"经济性"价值和"社会性"价值的认知与平衡。

2. 关系到社会公平正义的维护

当前，农民工的劳动付出与劳动收益不成正比，健康安全权益受损的事件频频发生，农民工并未享受到《中华人民共和国宪法》、《中华人民共和国劳动法》及其他法律所赋予的和城市居民平等的地位和权利，这违背了整个社会追求公平正义的价值要求。公正，就其基本含义来说，首先，指向的对象应该包括社会的全体成员；其次，因为它是在对诸如财富、权力、机会等社会资源分配的过程中产生的，所以应该与公民的社会身份及相应的权利和义务对等；最后，社会资源的分配应该满足大多数社会成员的需要，符合其利益。因此，推动城乡居民健康安全权益保障一体化建设，扩大公共服务的覆盖面，保障农民工在工资报酬、医疗、就业、教育、保险等方面的权利，维护农民工职业安全健康权益，是社会进步的体现，更是维护和实现社会公平正义的基本要求。

---

① 冯彦君：《劳动权论略》，《社会科学战线》2003 年第 1 期。
② 梁慧星：《民法总论》，法律出版社，1996，第 106～107 页。

3. 维护社会和谐稳定的要求

我国是一个传统农业大国，农业发展水平较低，农村人口基数较大，农村劳动力一直处于供大于求的局面。据《第六次全国人口普查主要数据公报》，2011 年居住在乡村的人口为 67415 万人，占总人口的 50.32%。[①] 工业化和城镇化水平的提高不是简单地降低农业人口的数量，而是要通过经济的发展、产业结构的调整来提高农业生产的效率，促进农村剩余劳动力的有序流动。农民进城务工是解决"三农"问题的关键，这一方面为农村剩余劳动力的转移提供了可行途径，另一方面是实现农民增收、农业增长、农村稳定的有效方法。而维护农民工的职业人身安全则是为农民工进城务工和融入城市生活保驾护航。让农民工可以享有和城市居民同等的职业安全健康权益，让他们享受经济发展和社会进步的成果，这既符合和谐社会的发展要求，同时对于维护社会稳定也具有重要意义。

二 保障农民工职业安全健康权益的依据

（一）农民工群体是经济建设与社会财富的创造者

国家统计局 2017 年 4 月 28 日发布的《2016 年农民工监测调查报告》显示，全国农民工总量超 2.8 亿人，2016 年全国农民工总量为 2.81 亿人，比上年增加 424 万人，增长 3.4%。[②] 其中，外出农民工 16821 万人，增长 1.3%；本地农民工 10574 万人，增长 2.8%。[③] 农民工在东部地区以从事制造业为主，在中部地区就业

---

① 《第六次全国人口普查主要数据公报》，国家统计局，2011。
② 《2016 年全国农民工监测调查报告》，国家统计局，http://www.stats.gov.cn/tjsj/zxfb/201704/t20170428_1489334.html，2017 年 4 月 30 日。
③ 《2014 年国民经济和社会发展统计公报》，国家统计局，http://business.sohu.com/20150226/n409177673.shtml，2015 年 4 月 30 日。

以从事建筑业与制造业并重，在西部地区就业以从事建筑业为主；外出农民工的 61.8% 在第二产业就业，本地农民工的 48.6% 在第三产业就业。[①] 他们的出现为我国经济发展提供了大批的廉价劳动力，迅速填补了制造业、建筑业、批发和零售业、餐饮业等劳动密集型产业的岗位空缺，弥补了劳动力市场的结构性不足，有效抑制了劳动力成本的上涨速度，为经济建设做出了重大贡献，也为社会创造了大量财富，劳动力转移的经济效益明显。有研究指出，1995 年至 2005 年，在农民工的劳动生产率低于城市产业工人的假设前提下，农民工对我国第二、第三产业的贡献占总量的 1.67%~4.71%，每年的平均增幅为 3.26%，并且贡献值呈逐年增长的趋势。[②] 另据新华网报道的测算显示，2004 年我国每个农民工每年创造的 GDP 为 2.5 万元，农民工创造的 GDP 总量相当于全国 GDP 的 23.1%。[③] 据南方网报道，广东省 2004 年的 GDP 达 13450 亿元，占全国的 11.5%；广东是中国流动人口最多的省份，青年外来工对广东省 GDP 增长的贡献率达 25% 以上，计 397.3 亿元以上。[④]

（二）农民工群体的出现深刻地改变着城乡社会面貌

农民工群体以自身的劳动力资源，为我国经济的腾飞和社会财富的积累做出了重大贡献，同时也深刻地改变着城乡社会面貌。第一，农民工进城，衣食住行以及文化、教育、娱乐的需求改变着城市的消费规模、消费水平和消费结构，带动了城市对农产品的消费需求，同时农民工也把新的观念和生活方式带入农村，促

---

① 《2013 年全国农民工调查监测报告》，国家统计局，2014 年 5 月 12 日。

② 沈汉溪、林坚：《农民工对中国经济的贡献测算》，《中国农业大学学报》（社会科学版）2007 年第 1 期。

③ 《农民工在中国经济中的十大历史性贡献》，http://finance.people.com.cn/GB/4222341.html，2006 年 3 月 21 日。

④ 《惊人的数字：农民工为城市创造多少财富？》，http://www.southcn.com/news/community/shzt/cpw/contribution/200504200692.htm，2005 年 4 月 11 日。

进了城市与农村的一体化发展。第二，农民工的劳务所得一部分在城市进行消费，促进了城市经济的繁荣，其余部分流向农村，为改造传统农业和加快农村建设带来了新的投资来源，农民收入增长获得新渠道，成为农村和家庭脱贫的重要手段。第三，伴随着农民工在城市工作和生活的时间延长，部分农民工逐渐融入城市生活，在具备了一定经济能力的基础上在城市购房、定居，逐渐转变为城市居民，扩大了城市面积，增加了城市人口，促进了城镇化的加速发展。第四，经过城市"洗礼"的农民工将城市生活的新观念、市场经济的新规范带回农村，是城市和农村经济、生活的重要纽带，推动了农村和农业的市场化发展，促进了城乡互动，成为城市"反哺"农村的重要途径。第五，从相对封闭的农村流动到比较开放的城市，城市为农村培养了新型农民，他们有文化、懂技术、会经营、视野开阔、思维活跃，在积累了一定资本、经验和技术的基础上，回乡创业，经商办厂，成为当地脱贫致富的带头人，由"农夫"转变为"农商"。

（三）农民工群体的新变化提出了新要求

随着时代的变迁，农民工群体的结构也产生了新变化，主要标志就是"新生代农民工"的出现及总量的扩大。根据国家统计局的划分标准，1980 年以后出生的为新生代农民工。2013 年，我国的新生代农民工有 12528 万人，占农民工总量的 46.6%。[①] 在本研究中，1980 年以后出生的新生代农民工为 155 人，占农民工总人数的 71.4%，高于社会的总体平均水平。

新生代农民工受教育年限更长，文化和职业教育水平已有较大提高。根据国家统计局公布的数据，我国新生代农民工中，初中以下文化程度仅占 6.1%，初中程度占 60.6%，高中程度占 20.5%，大专及以上文化程度占 12.8%；在老一代农民工中，初中

---

① 《2013 年全国农民工调查监测报告》，国家统计局，2014 年 5 月 12 日。

以下文化程度占 24.7%，初中程度占 61.2%，高中程度占 12.3%，大专及以上文化程度占 1.8%；高中及以上文化程度的新生代农民工占到 1/3，比老一代农民工高 19.2 个百分点。[①] 本研究中，作为调查对象的新生代农民工，初中学历占 11.5%，高中/技校/中专学历占 39.6%，大专学历占 15.7%，高中及以上文化程度的比例高于社会的总体平均水平。

与传统农民工相比，拥有更高受教育水平的新生代农民工更重视职业所带来的"价值感"和"存在感"，他们进城务工的目的并不限于挣钱，还包含"见世面、求发展"的期望和真正融入城市生活的渴望，有着更高的职业规划和人生目标。在此基础上，新生代农民工对职业安全健康的需求更高，更注重对自身职业安全健康权益的维护。新生代农民工重视生命健康的价值，就业过程中会重点考量企业的安全生产投入，以"劳动力的加盟"与企业的"安全投入达标"进行博弈。[②]

（四）农民工职业安全健康保障现状堪忧

改革开放以来，我国的国民经济以迅猛的势头高速发展，取得了一系列举世瞩目的发展成就。但是，经济高速增长的背后却是整个国家和社会付出的巨大社会成本，如对自然资源的掠夺、无序化开发和浪费、日益恶化的自然环境等，这在一定程度上导致经济增长和社会发展的失衡。其中，作为社会发展标志之一的职业安全健康发展远远滞后于经济增长，这是失衡现象的表现之一。据国家统计局发布的《中华人民共和国 2012 年国民经济和社会发展统计公报》，2012 年全年各类生产安全事故共死亡 71983

---

① 《2013 年全国农民工调查监测报告》，国家统计局，2014 年 5 月 12 日。
② 张健、梅强、陈雨峰、吴刚：《新生代农民工职业安全需求对中小企业"民工荒"的影响》，《工业安全与环保》2013 年第 11 期。

人，2013 年全年共死亡 69434 人[①]，2014 年共死亡 68061 人。[②] 我国每年因安全生产事故造成的直接经济损失在 1000 亿元以上。2014 年 8 月 2 日，江苏中荣金属制品公司的粉尘爆炸惨剧，导致 75 人不幸遇难，185 人受伤，成为国内发生的最为重大的特大安全事故。除安全生产事故外，我国还有 2 亿人在遭受着职业病的危害。[③] 2009 年，农民工张海超悲壮而无奈的"开胸验肺"维权行为最终以 61.5 万元的赔偿尘埃落定，其背后折射出的农民工职业安全健康权益保障现状令人扼腕。

近年来，我国学者结合我国发展实际对二元制劳动力市场分割理论进行了验证研究，发现劳动力市场分割现象在我国客观存在，并表现出自身特点，主要表现为城乡分割、行业分割、区域分割和单位分割。[④] 二元制劳动力市场分割衍生出二元就业制度和二元福利保障制度。农民工大多在二级劳动力市场就业，从事的职业集中在第三产业，劳动强度大，劳动时间长，工作环境恶劣，是职业病的高危人群。目前，中国基本社会保障的重心仍在城镇，农村相对滞后，如城镇已经建立了职工养老保险，而农村养老保险制度尚未完全定型，相关制度仍在探索之中；城镇早在 20 世纪 90 年代初就已开始建立居民最低生活保障制度和各种社会救助制度，而农村居民最低生活保障 2007 年才全面启动。2007 年，我国财政中用于城镇社会保障支出的金额为 4698.6 亿元，占财政支出的比重为 9.4%，人均支出 791.3 元；用于农村社会保障支出的金

---

① 《中华人民共和国 2012 年国民经济和社会发展统计公报》，国家统计局，2013 年 2 月 22 日；《中华人民共和国 2013 年国民经济和社会发展统计公报》，国家统计局，2014 年 2 月 24 日。

② 《2014 年国民经济和社会发展统计公报》，国家统计局，http://business.sohu.com/20150226/n409177673.shtml，2015 年 4 月 30 日。

③ 陈娉舒：《我国职业病人超过两亿》，《中国青年报》2007 年 5 月 7 日。

④ 陈宪、黄健柏：《劳动力市场分割对农民工就业影响的机理分析》，《生产力研究》2009 年第 20 期。

额为 560 亿元，占财政支出的比重为 1.1%，人均支出 77 元。[1] 有研究指出，城市本地人口、外来市民和外来农民工社会保险获取不平等，呈依次递减趋势。[2] 此外，在城乡分割、区域分割和行业分割的基础上，还存在单位分割。企业在雇用员工的过程中，根据二元结构将员工分为"正式员工"和"非正式员工"，而"非正式员工"一般是由社会第三极——"农民工"所构成。农民工不仅从事的是正式员工不愿问津的脏、累、苦、差、险且以体力劳动为主的职业，而且在工资福利待遇等方面与正式员工相比存在极大差异，同工并不同酬，同工并不同权。一些企业为了降低生产经营成本，大量雇用农民工，甚至出现农民工人数远超过正式员工的情况，而一旦生产经营不当或发生意外事故，最先解雇的也是农民工。目前大量的农民工甚至连从事生产活动最基本的工伤保险都没有购买，仅从 2014 年的数据看，该年参加工伤保险的人数为 20621 万，其中参加工伤保险的农民工仅为 7362 万人[3]，农民工仅占所有参加工伤保险人数的 3.64%。可以说，农民工不仅职业不稳定，失业风险大，而且社会保障权益也受损。

（五）关注农民工职业健康管理是企业发展的重要方面

农民工工作和生活在成千上万的具体企业，特别是制造、建筑和采掘业企业中，他们的职业健康问题直接对企业的生存与发展产生重大影响，因而妥善处理好农民工这方面的问题，已变成一种企业需要。未来，大量的中国企业中会有更多的农民工成为企业员工，他们的职业健康管理会成为中国企业管理中的重要组

---

① 陈正光、骆正清：《我国城乡社会保障支出均等化分析》，《江西财经大学学报》2010 年第 5 期。

② 张展新、高文书、侯慧丽：《城乡分割、区域分割与城市外来人口社会保障缺失——来自上海等五城市的证据》，《中国人口科学》2007 年第 6 期。

③ 《2014 年国民经济和社会发展统计公报》，国家统计局，http://business.sohu.com/20150226/n409177673.shtml，2015 年 4 月 30 日。

成部分。企业对农民工实施职业健康管理，是中国社会发展也是中国企业战略发展的必然要求。

三　基本观点与方法

（一）基本观点

企业社会责任概念自 20 世纪 20 年代由谢尔顿（Oliver Sheldon）提出以来，一直备受关注。在相关的研究中，凡是基于对企业的要求而承担的责任就是企业社会责任。现代企业实际承担社会责任的广度和深度有增无减，研究者也不断提出新的有价值的观点。从最初的一般意义上的伦理责任到战略管理范畴，关于企业社会责任的理论在不断发展，也对企业有更加实际的价值。目前，企业社会责任的基本理念是，企业在创造利润、对股东利益负责的同时，还要承担对员工、对社会和环境的社会责任，其中为员工提供安全、健康的工作环境是企业的重要社会责任。大量的农民工在企业工作，企业对他们的职业健康进行服务和管理有当然的责任。

本书定义的农民工是指在农村有土地并且户口身份属于农业人口，目前从事非农业劳动工作的人员。他们主要有三个特征，一是 16 岁前户口身份为农业人口，二是目前受雇、从事的工作是非农业劳动工作，三是曾在农村拥有土地（由于近年来城镇化的大力推进，部分已在农转非过程中转为城镇户口的农民被人们称为失地农民，这些社会成员已没有土地而成为农民工）。基于这项研究的特点，本书以在所从事劳动的用人单位工作 3 个月以上的农民工为调查对象，并基于他们的各方面制度与结构安排讨论相关问题。

伴随着我国改革开放和工业化、城市化进程，我国进城务工的农民工总数占我国总人口的将近1/5。根据国家统计局抽样调查结果，2014 年全国农民工总量为 27395 万人[1]，而国家统计局 2017 年 4 月公布的《2016 年农民工监测调查报告》抽样调查结果显示，"2016 年农民工总量达到 28171 万人"[2]，比 2015 年增加了 424 万人，比 2014 年增加 776 万。农民工人数急剧增长的势态，使得中国在城市和农村二元之间形成了以城市农民工为一元的三元社会结构，这是我国经济社会顺利转型时必须面对的重要问题。整体上看，农民工大体占据产业工人的半壁江山，加工制造、建筑和采掘等行业的农民工更是超过从业人员的半数，但同时，国家统计局的数据还发现，"2011 年、2012 年、2013 年和 2014 年农民工总量增速分别比上年回落 1.0、0.5、1.5 和 0.5 个百分点"[3]，增速已呈现持续回落态势。同时，随着农业转移人口在城镇落户的增加，农村剩余劳动力供给也即将面临拐点。[4]

农民工在数量上的占比及其作为一种人力资源的种种特殊性，会引发相应的经济社会方面的问题，需要政府及社会各方面承担起相应的社会责任，努力加以解决。农民工具有的流动性特征使之在原有的二元结构中可进可退，近些年一些地方和企业出现的"民工荒"正是其具体的表现。农民工工作和生活在成千上万的具体企业，特别是在制造、建筑和采掘业企业中，他们的职业健康问题对企业的生存与发展有重大影响，因而妥善处理好农民工问题，已变成一种企业需要。由于制度性的原因，大多数农民工的职业健康保障在我国的受雇佣体系中长期处于被忽视的境地，因

---

[1] 《2014 年全国农民工监测调查报告》，国家统计局，http://www.stats.gov.cn/tjsj/zxfb/201504/t20150429_797821.html，2015 年 4 月 29 日。

[2] 《2014 年全国农民工监测调查报告》，国家统计局，http://www.stats.gov.cn/tjsj/zxfb/201704/t20170428_1489334.html，2017 年 4 月 28 日。

[3] 《2014 年全国农民工监测调查报告》，国家统计局，http://news.gmw.cn//content_15523484.htm，2015 年 4 月 30 日。

[4] 《2013 年农民工监测调查》，http://news.china.com/domestic/945/20140512/18497781.html。

而本书把研究着眼点放在农民工的职业健康管理与企业社会责任的关系上，力图通过研究探索如何从企业内部增强对农民工的职业健康管理，在保证农民工职业健康的同时也能促进企业的发展，以及社会的稳定。

为了克服以往一些研究农民工健康问题仅仅简单地呈现中国农民工的"悲惨"生活状况和对用工企业进行尖刻的道德谴责，以及对政府监管部门工作"不负责任"的指责等的不足，本书围绕农民工职业健康问题深入企业，同时关注与企业场域相关的政府部门，来探讨相关问题。

未来，大量的中国企业中会有更多的农民工成为企业员工，他们的职业健康管理会成为中国企业管理中的重要组成部分。按组织社会学制度学派的理论框架，关于组织行为趋同性现象的解释是"合法性机制"：社会的法律制度、文化期待、观念制度成为人们广为接受的社会事实，具有强大的约束力量，规范着人们的行为，组织趋同性是由强迫到模仿，再到社会规范的完整机制过程。基于此，本书提出如下关于企业承担农民工职业健康社会责任的假设性观点。任何组织都只能在合法的条件下生存和发展，企业间的竞争不能脱离合法性。随着雇用农民工过程中出现的问题，特别是农民工职业健康服务管理问题成为社会越来越关注并为之立法执法的问题，注重农民工职业健康服务管理的企业就会比不注重的企业获得更多的社会合法性认可，由此可在社会中获得更多的经济或非经济利益。为此，一些有条件的企业会率先采取相应行动，争取独占鳌头以获取更多的企业机会。企业的竞争力关键是强调自己有别于其他企业组织，在制度目标的引导下，少数企业会通过发信号的方式让社会知道，自己在对待农民工的职业健康服务管理方面是领先的，由此获得好的社会声誉、大量员工的组织认同，以及由此而至的熟练农民工工作的稳定性和相应的经济利益等。这些企业所起到的示范作用，会进一步带动更多的企业对之进行模仿，并最终在社会中演化为所有企业都必须严格遵循的社会规范。

企业履行农民工职业健康管理社会责任，是中国社会发展也是中国企业战略发展的必然要求。从企业外部而言，诸多社会因素要求企业必须承担所雇用农民工的职业健康管理社会责任，唯此企业才具有现实的合法性；从企业本身的发展战略需要而言，注重对农民工的职业健康实施管理，有助于企业从中获得战略性社会责任投资的倍增效应。影响企业做出社会责任战略决策的预测变量既包括企业内部的资源、能力，企业价值观和社会责任导向，也包括企业外部环境变量，如制度环境压力、社会网络、外部利益相关者压力；同时，不同战略维度构成了不同的社会责任战略路径，不同程度地影响着企业实现经济利益、无形资产增值以及社会目标。

同时，在经济社会发展的今天，职业健康问题已是公共领域的一个重要议题。职业健康是全体社会成员对自身生存权和发展权的最低需求，是一个全局性的社会问题，具有公共性的特征，因此职业健康服务管理是一项公共服务，从单一视角解决此问题难以奏效。此次调查也证明了用人单位很难落实好主体责任，政府部门也因机构设置、人员配备及现实条件等多方面因素很难监管到位，所以职业健康的监管工作必须转换视角，政府及其他社会组织也应该参与其中，服务于企业和劳动者[1]，通过企业、政府和社会的互动与合作，实现共赢与和谐。[2]

---

[1] 彭忆红：《职业病的防治重在政府担责》，《中共桂林市委党校学报》2006年第3期。

[2] 张守军：《基于社会三元结构的中国企业社会责任反思》，《四川行政学院学报》2009年第1期。

（二）研究方法

1. 文献法

本书采用实证方法开展研究。收集资料的方法，一是文献方法，为进一步的理论分析、建构，寻求具有坚实基础的理论、国家和政府相关部门的法律政策文件、所调查企业的基本数据和在实施农民工职业健康服务管理中的制度性建设成果；二是问卷方法，通过问卷获取所调查企业一般员工和农民工在企业职业健康服务管理方面的相关认知及行为表现；三是访谈方法，访谈对象主要为政府管理农民工的相关部门、企业高层与普通员工及农民工，以及政府职业健康管理的职能部门与职业卫生服务机构人员。最终，在上述三种资料的基础上得出经验分析和综合研究结论。

2. 研究分析单位的确定

由于研究的内容是农民工职业健康企业社会责任的履行问题，因此必须从企业的角度展开。本书的目的在于探索企业如何更好地承担农民工职业健康社会责任，从而引导其他企业承担该责任，为此特别选择在实施农民工职业健康服务管理方面有积极倾向和显著成效的典型企业。在我国目前的社会经济发展条件下，在保障和促进农民工职业健康服务领域一些企业做得好，一些企业做得不好，更有一些企业做得很差。以率先作为的企业为研究对象，原因在于它们的行动对其他企业具有示范和引领的作用。研究它们职业健康服务管理的影响因素有助于进一步推动企业承担相应的社会责任，促进更多的中国企业在未来的企业行动中积极承担这方面的社会责任。同时由于它们在社会中享有积极的评价，对这样的企业进行研究，也具有极强的可行性，对其实施相关项目的过程及经验进行研究，不仅可以促进这种经验在全社会的推广，而且对所研究企业本身也具有促进作用，因此可以获得企业较好的合作意愿。

经过 X 省人力资源和社会保障厅涉及农民工工作管理的相关

负责人的访谈和推荐，本书选择的企业为冶金行业的某一大型国有企业，其在 X 省的农民工职业健康管理方面做得比较好。冶金行业利润高、实力强，同时员工的职业健康面临的风险大，而且他们使用了大量农民工，而这正是本书论证、分析的重要方面。

3. 企业资料收集过程及问卷调查样本情况

在 Y 企业，本书进行了为时两年多的调查，收集到大量相关的文献资料，访谈了相关的人力资源部和安全管理部负责人及大量员工（包括农民工和正式员工），并对三个分公司的员工进行了问卷调查。

访谈资料的收集时间为 2012 年 2 月至 2014 年 6 月。访谈对象一是省人力资源与社会保障厅农民工处负责人、省安监局职业健康处负责人、省职业安全健康公共卫生专家中涉及公共卫生管理与研究的人员；二是所调查企业集团公司安监部负责人、子公司负责人及相关的安全监督负责人，以及作为比较分析对象的所调查企业中的农民工与正式员工。

之所以对该企业中的农民工及与之做对比的正式员工进行访谈，主要是为了对问卷内容有一个深度了解和补充。调查一共纳入访谈对象 27 名，其中农民工 17 名，正式员工 10 名，年龄分布为 20~60 岁。访谈地点分别在 X 省 M 市、N 市和 O 市该企业下属的三个子公司（以下分别称为 A 公司、B 公司和 C 公司）的会议室、休息室、食堂和篮球场。主要采用半结构式访谈方法分别对农民工和正式员工进行访谈。首先在问卷内容的基础上大概拟定了一个访谈提纲，由两名访谈员和访谈对象进行面对面的访谈交流，一名访谈员主要负责提问，另一名主要负责记录，访谈时间控制在 20~30 分钟内。在访谈对象允许的情况下对访谈内容全程录音，不允许的则进行现场笔录。访谈提纲主要包括以下几个情况：①职业卫生管理；②职业病危害源头控制；③劳动过程中职业病危害的控制与管理；④应急救援；⑤职业病诊断与病人保障。

对员工的问卷调查分别在 2013 年 6 月、7 月和 2014 年 6 月实施。具体收集问卷资料的方式是，将每一个具体调查单位的所有当日在岗人员作为调查样本，采用整群抽样方法获取农民工和非农民工样本，以整群抽样的方式进行调查。将样本调查对象集中于会议室，由专门的调查人员对问卷的填写方式和注意事项进行统一讲解，然后发放问卷并要求调查对象当时独立填写完成。针对调查中出现的疑问，调研人员个别指导阐明。共发放问卷 600份，回收 501 份，问卷回收率为 84%；在回收的 501 份问卷中剔除无效问卷后，有效问卷为 487 份，最终问卷的有效回收率为81%，其中农民工的有效样本为 226 人。在员工填完问卷后又抽取了不同工作种类、体制内外的企业员工进行访谈，以深入了解农民工和正式员工在职业健康方面存在的差异和组织认同程度的差异。样本的基本分布情况见表 1 - 1 和表 1 - 2。

表 1 - 1　农民工的基本分布情况

单位：人，%

基本情况	内容	频数	有效百分比
性别	男	184	83.6
	女	36	16.4
	合计	220	100.0
年龄	35 岁及以下	155	71.4
	36 ~ 50 岁	57	26.3
	51 岁及以上	5	2.3
	合计	217	100.0
工作时间	60 个月以下	142	64.3
	61 ~ 180 个月	79	35.7
	181 ~ 300 个月	0	0
	301 个月以上	0	0
	合计	221	100.0

续表

基本情况	内容	频数	有效百分比
学历层次	小学及以下	6	2.7
	初中	69	30.5
	高中/技校/中专	104	46.0
	大专	38	16.8
	大学	9	4.0
	研究生	0	0
	合计	226	100.0
工作部门	生产部门	202	90.6
	设计技术部门	1	0.4
	营销部门	1	0.4
	综合行政部门	0	0
	其他部门	19	8.5
	合计	223	100.0
工作层次	普通人员	196	86.7
	班组长	26	11.5
	工段长	4	1.8
	车间主任	0	0
	组织主管	0	0
	合计	226	100.0

表1-2　正式员工的基本分布情况

单位：人，%

基本情况	内容	频数	有效百分比
性别	男	191	75.8
	女	61	24.2
	合计	252	100.0
年龄	35岁及以下	106	42.4
	36～50岁	112	44.8
	51岁及以上	32	12.8
	合计	250	100.0

基本情况	内容	频数	有效百分比
工作时间	60 个月以下	69	26.6
	61～180 个月	122	47.1
	181～300 个月	45	17.4
	301 个月以上	23	8.9
	合计	259	100.0
学历层次	小学及以下	13	5.0
	初中	50	19.2
	高中/技校/中专	45	17.2
	大专	107	41.0
	大学	45	17.2
	研究生	1	0.4
	合计	261	100.0
工作部门	生产部门	208	82.5
	设计技术部门	7	2.8
	营销部门	4	1.6
	综合行政部门	8	3.2
	其他部门	25	9.9
	合计	252	100.0
工作层次	普通人员	189	75.6
	班组长	36	14.4
	工段长	18	7.2
	车间主任	7	2.8
	组织主管	0	0
	合计	250	100.0

根据对调查对象基本情况的了解，487 名调查对象中有 410 人在生产部门工作，占总人数的 84.2%，属于一线工人。因其工作性质，这类员工更容易暴露于职业病的风险中，存在职业安全健康隐患，故在分析中将这些生产部门的工作人员作为主要的研究

和分析对象。

4. 调查资料整理与分析方法

这次调查的资料分析采用量化方法，同时也进行质性研究，以及在此基础上的综合研究。量化分析的目的是力图从数量关系上寻求对资料的解释，而质性研究重要的是深化具体的调查资料。

量化研究使用调查问卷收集资料，收集研究问卷经过初步审核整理后，由专人对每份问卷逐一审核登录，建立原始数据库。建立后的数据库经 5% 的抽样复录，其差错率为字节数的 0.0005 并对相应的差错进行了更正。由于建立的数据库与调查问卷原始资料之间的一致性较高，分析使用的数据库也具有较高的可靠性。在此基础上，以单变量频数分布分析、双变量交互分类分析、均值比较及相关分析方法作为主要分析研究手段，在数据资料的基础上形成相应的调查基本结论。全部数据的管理和计算均通过 SPSS 19.0 软件完成。

质性研究主要借助的是访谈获得的录音或记录资料。访谈资料经过对录音的语音信息或记录仔细核对整理，全部转换为电子文本后导入 Nvivo 质性分析软件，运用 Nvivo 9.0 软件进行初步分析，在此基础上再进行详细剖析并得出相应结论。

| 第二章 |

农民工职业安全健康服务的现状

职业安全健康服务是一个较宏观的概念，其内涵可以从职业安全服务和职业健康服务两个方面来理解。在实践过程中，安全和健康相互联系、相互影响，关系密切。农民工在职业安全健康服务方面的现状涉及多个方面，以下仅从职业安全健康的教育培训状况、相关条件供给和职业安全健康权益的保障三方面分别进行分析和探讨。

一 农民工职业安全健康的教育培训状况

《中华人民共和国安全生产法》明确规定，"生产经营单位应当对从业人员进行安全生产教育和培训，保证从业人员具备必要的安全生产知识，熟悉有关的安全生产规章制度和安全操作规程，掌握本岗位的安全操作技能"[1]。在生产经营过程中，对劳动者进行适时适当的安全及健康培训、教育，不仅是企业保证生产经营活动安全、顺利开展的前提，更是保障劳动者生命权、劳动权等

---

[1] 《中华人民共和国安全生产法》第 21 条。

合法权利和实现劳动者职业安全管理的重要基础。

（一）农民工职业安全健康的教育情况

Y 企业对农民工进行的职业安全健康培训主要集中在岗前和工作过程中，内容涉及辨识和预测工作中的危害或危险、职业安全健康知识培训、职业卫生知识教育、新员工培训和知识更新培训等。

员工参与企业举办的职业健康培训的基本情况见表 2 - 1，84.8% 的正式员工参加过企业举办的职业健康培训，46.7% 的农民工未参加过相关培训；同时，不同性别的农民工参与企业举办的职业健康培训比例也不一样，总体上说，男性农民工的参与率远高于女性农民工，高出 40.3 个百分比，见表 2 - 2。这说明企业对农民工进行职业健康培训、教育的覆盖面远低于正式员工，对女性农民工进行职业健康培训、教育的覆盖面又远低于男性农民工。对参加过职业健康培训的调查对象做进一步考察发现，农民工和正式员工大多数是在上岗前接受培训，比例分别为 76.2% 和 74.5%，其次是在工作过程中和发生事故后接受培训（见表 2 - 3）。

表 2 - 1 参加企业举办的职业健康培训情况

单位：%

类别	参加过	没参加过
农民工	53.3	46.7
正式员工	84.8	15.2

表 2 - 2 农民工参加企业举办的职业健康培训情况

单位：%

类别		参加过	没参加过
农民工	女性	17.9	82.1
	男性	58.2	41.8

表 2 - 3 企业举办职业健康培训的时间

单位：%

类别	上岗前	工作过程中	发生事故后	其他
农民工	76.2	49.5	27.6	6.7
正式员工	74.5	58.4	24.2	9.3

本书选取的样本，分别属于 X 省 M 市、N 市和 O 市的同一个企业的 3 个分公司，但因 M 市和 N 市的两个子公司样本数量相对较少，且在对所获得的数据进行统计预分析时发现两个公司所反映出的情况大致相同，故将这两个公司的样本合并，命名为"企业 1"，并进一步与 O 市某子公司（命名为"企业 2"）的样本进行比较分析。以下的讨论中，凡是使用"企业 1"和"企业 2"的分析，数据合并方式皆同。

表 2 - 4 显示，企业 2 中不论正式员工还是农民工参加企业举办的职业健康培训的比例大大超过企业 1 的员工。企业 2 中 80%的农民工和 88%的正式员工均参加过相关培训，分别比企业 1 中的农民工和正式员工高 43.1 和 41.3 个百分比。

表 2 - 4 参加企业举办的职业健康培训情况

单位：%

类别		参加过	没有参加过
企业 1	农民工	36.9	63.1
	正式员工	46.7	53.3
企业 2	农民工	80	20
	正式员工	88	12

（二）企业宣传职业安全健康知识和教育的情况

除了上岗前和工作过程中的专门性培训，企业也会利用生活和工作的基本场所宣传和普及职业安全健康知识、国家的相关法律法规和企业的规章制度。

关于企业是否在醒目位置设置职业病危害公告栏的知晓情况，表2-5显示，93%的正式员工表示知晓这一情况，而农民工群体中认为企业有职业病危害公告栏的只有61%。结果说明，企业在卫生安全知识教育及普及方面对所有员工是平等的，相较于农民工来说，正式员工会更多地关注和加强一些安全知识的学习，而农民工自主学习和主动关注职业安全健康知识的意识还比较欠缺。但从表2-6中可以看出，企业对职业病危害公告栏设置的重视程度不一样。企业2中高达90.8%的农民工和94.5%的正式员工都知道企业设置了职业病危害公告栏，该比例远高于企业1的员工。

表2-5 企业在醒目位置设置职业病危害方面公告栏的情况

单位：%

类别	有	没有
农民工	61	39
正式员工	93	7

表2-6 不同企业在醒目位置设置职业病危害方面公告栏的情况

单位：%

类别		有	没有
企业1	农民工	42	58
	正式员工	76.5	23.5
企业2	农民工	90.8	9.2
	正式员工	94.5	5.5

表2-7显示，农民工和正式员工都认为车间是设置职业病危害公告栏的重要地点，其次是办公室以及宿舍等休息场所。企业在公告栏里填写、粘贴的内容一般都是安全生产操作规程，其次是职业病防治的规章制度、职业安全事故应急救援方法、职业病危害防治方法和工作场所职业病危害因素监测结果等，如表2-8所

示。通过上述方式和途径，83.5%的农民工和94%的正式员工均能在生活和工作过程中获得文字性的安全操作指导，如表 2 - 9 所示。

表 2 - 7　职业病危害公告栏的设置位置

单位：%

类别	办公室	车间	宿舍等休息场所	食堂	其他
农民工	12.9	77.6	15.5	6	18.1
正式员工	19.6	87.7	11.7	14.5	8.9

表 2 - 8　职业病危害公告栏的信息内容

单位：%

公告栏里填写的信息内容	农民工	正式员工
职业病防治的规章制度	42.6	56.8
安全生产操作规程	81.7	78.7
职业安全事故应急救援方法	44.3	54.6
职业病危害防治方法	31.3	53
工作场所职业病危害因素监测结果	27.8	47
其他	7	10.4

表 2 - 9　有无所从事工作的文字性安全操作指导

单位：%

类别	有	没有	不知道
农民工	83.5	11	5.5
正式员工	94	2.5	3.5

同时，表 2 - 10 说明，企业 2 中的员工对所在企业有无所从事工作的文字性安全指导的知晓情况要多于企业 1 的员工。

表 2 – 10 有无所从事工作的文字性安全操作指导

单位：%

类别		有	没有	不知道
企业 1	农民工	78.9	13.8	7.3
	正式员工	76.6	11.7	11.7
企业 2	农民工	90.8	6.6	2.6
	正式员工	95.6	1.6	2.8

除了设置健康安全教育的公告栏，企业也会有针对性地选取内容开展一些教育、培训活动，动员全体员工参加。企业领导 HD2 提道：

这个培训属于全院的安全素质培训，主要就是安全员，对安全员的安全培训。我们就是把 Y 企业建厂以来，那些典型的生产上、设备上、安全上这些方面的案例精选汇编，汇编成一本册子，然后对一些比较典型、比较大一点的案例，精选讲解，让员工吸取教训，在以后的生产过程中该注意哪些问题。

同时，为了将员工的教育落到实处，企业会不定期地采取考核的方式来确定员工的学习和执行情况，并根据考核结果给予相应的奖惩。正式员工 HZ4 说：

这些操作规程和安全规程上都有的，都要考的，你现在上着班，难说他今晚就来了，他就问你，不合格或者答不上来就扣奖金。像你们今天看到的这个多功能会议室经常培训的。

（三）员工对职业安全健康教育的反馈及认知情况

通过企业的培训、教育和相应督促，农民工的职业安全健康意识有所提高，具备了一定的健康安全知识，能在工作过程中识别危害因素，提高自我保护的意识和能力。

在问卷调查中，农民工与正式员工对安全生产标识的认知情况无差异，回答的正确率较一致，见表 2-11。这说明两类员工在安全生产知识的获取方面是等同的。生产一线的工人中，95%的农民工和88.9%的正式员工均认为自己当前的工作会危害身体健康，见表 2-12。表 2-13 中，由于所在企业主要从事冶金冶炼加工，农民工和正式员工均认为，工作过程中粉尘、噪声和机械故障伤害是员工职业安全健康的最大威胁，诸如尘肺、眼病和耳鼻喉疾病等则是由工作场所带来的消极性生理后果。

表 2-11　员工对安全生产标识的认知情况

单位：%

类别	必须戴安全帽	拖车连接处乘人	当心烫伤	必须戴手套	当心触电	禁止合闸
农民工	96.5	84.7	88.1	62.4	95.5	84.2
正式员工	96.2	83.2	88	60.6	92.3	84.1

表 2-12　所从事工作对身体有无危害

单位：%

类别	有	没有	不知道
农民工	95	2	3
正式员工	88.9	9.7	1.4

表 2-13　工作过程中会遇到的主要安全危害

单位：%

工作过程中会遇到的主要安全危害	农民工	正式员工
粉尘	83.1	85.9
机械故障伤害	42.3	55.1

续表

工作过程中会遇到的主要安全危害	农民工	正式员工
噪声	63.7	76.1
起重伤害	39.3	33.2
灼烫事故	36.3	37.1
辐射	32.3	21.5
中毒	32.3	34.6
爆炸	19.9	22.9
其他	5.5	6.8

二 农民工职业安全健康服务的相关条件供给

职业安全健康服务的内容包含劳动保护、风险控制、安全监管等方面，反映了企业对员工进行职业安全健康管理的水平和责任意识。

（一）劳动保护情况

由于企业的行业性质和员工所从事的工种，生产过程中存在大量的危害因素和危险情况。

正如正式员工 Z4 说到的：炼钢部门最危险的是噪声、粉尘。金属粉尘进去车间或管道里排不出来，很危险的。而如果车间里温度高了，那可以休息，影响不大。正式员工 Z2 也提及：焊接工作的危害就是灰尘大、辐射大。灰尘对肺的危害比较大，辐射主要是光辐射，对皮肤和眼睛伤害大。

因此，除了必要的安全知识培训，设置和使用防护设施、防护设备能在一定程度上降低生产中的风险和意外，保护员工的人身安全。正式员工和农民工对于企业是否有针对职业病的防护设施的知晓情况分别为 76.5% 和 44.2%。由于不同分公司对职业病防护设施设置的重视程度不一，员工对此的知晓情况也显示出差

异。表 2 - 15 显示，企业 2 的正式员工和农民工的知晓率要比企业
1 的员工分别高 42.4 个百分点和 52.3 个百分点。

表 2 - 14 企业是否有针对职业病的防护设施

单位：%

类别	有	没有
农民工	44.2	55.8
正式员工	76.5	23.5

表 2 - 15 不同企业员工对企业是否有职业病
防护设施的知晓情况

单位：%

类别		有	没有
企业 1	农民工	23.7	76.3
	正式员工	37.5	62.5
企业 2	农民工	76.0	24.0
	正式员工	79.9	20.1

企业对于职业病的发病风险具有相对较高的认知，在根据员
工工种性质和职业病发生率提供防护设施方面做得比较到位。根
据表 2 - 16 可知，企业给员工提供最多的是预防尘肺病的防护设
施，其次是预防中毒、眼病、耳鼻喉疾病和放射性疾病的防护
设施。

表 2 - 16 企业提供职业病防护设施的情况

单位：%

类别	尘肺病	中毒	眼病	肿瘤	耳鼻喉疾病	放射性疾病	皮肤病	其他
农民工	88.9	53.1	49.4	6.2	34.6	21	17.3	6.2
正式员工	80.1	62.3	36.3	11.0	49.3	19.9	16.7	7.1

调查发现，员工们对于防护措施和防护用品的重要性都有较

高认知，对于工作过程中是否需要使用防护用品的问题，98.5%
的农民工和96.1%的正式员工均认为使用防护用品是保障安全生
产的必要措施（见表2－17）。有关企业对劳动过程中职业病危害
的控制与管理的编码分析结果显示，农民工群体与正式员工群体
访谈中相关内容出现的频次相当（见表2－18）。其中，在企业是
否具有针对职业病危害的防护设施方面，只有一个正式员工群体
谈到企业具备这一防护设施。企业所提供的免费防护用品中，安
全帽、防护手套、防护鞋的比例最高，其次是眼防护用品和呼吸
护具，见表2－19。总体上看，企业免费提供给正式员工的防护用
品种类要略多于提供给农民工的，但两者间无显著差异。

表2－17　工作过程中是否需要使用防护用品

单位：%

类别	需要	不需要
农民工	98.5	1.5
正式员工	96.1	3.9

表2－18　劳动过程职业病危害的控制与管理的编码信息分析

树状节点和子节点		出现频次	
劳动过程职业病危害的控制与管理		农民工	正式员工
职业病危害的防护设施		0	1
个人防护用品	安全服	3	3
	安全帽	3	3
	防护鞋	1	1
	防护镜	2	3
	口罩	6	9
	安全带	1	0
	手套	1	1
	面罩	0	1
警示标识		3	4

表 2 – 19　企业为员工提供职业病防护用品的种类

单位：%

类别	安全帽	呼吸护具	护肤用品	听力护具	防护鞋	防护手套	防坠落工具	眼防护用品	其他
农民工	98	52	9	12.5	87	93	20	58.5	5.5
正式员工	99.5	69.1	15	30	93.7	98.6	27.1	46.9	7.2

关于工作过程中所需的防护用品，访谈中，农民工 L1 提道：

我想我们工段长应该有吧，因为我们这个如果要的话，鞋等都是要的，但是我们没有嘛，就只是平常的劳保用品。我们这一块需要安全帽、安全服和鞋，其他的就要看工作种类，比如防护镜之类的。

两类员工防护用品的来源、获取渠道存在差异，图 2 – 1 显示，89.2% 正式员工的防护用品由企业免费提供；对于农民工来说，仅有 49.4% 的人可以免费获得企业提供的防护用品，而 6.5% 和 44.1% 的人需要自己掏钱购买防护用品或购买部分防护用品。

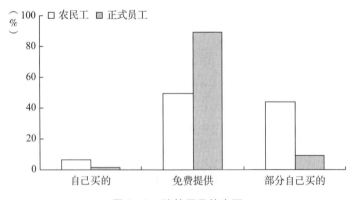

图 2 – 1　防护用品的来源

对农民工群体做进一步分析，资料表明不同特征的农民工防护用品的来源、获取渠道也存在差异。表 2 – 20 显示，新生代农民工由于免费获得防护用品的比例低于传统农民工，其自行购买防护用品或购买部分防护用品的比例分别为 7.1% 和 50.7%；而女性农民工获取免费提供的防护用品的比例相较于男性农民工而言，低了 14.9 个百分点，因此，7.1% 和 57.1% 的女性农民工需自行购买防护用品或购买部分防护用品，见表 2 - 21；受教育水平不同也带来了防护用品来源的不同，受教育程度为大专及以上的农民工免费获得企业提供的防护用品的比例为 73.3%，初中及以下和高中/技校/中专学历的农民工自己掏钱购买的比例为 7.4% 和 7.9%，自己购买部分防护用品的比例为 46.3% 和 52.8%，见表 2 - 22；工段长和班组长免费获得防护用品的比例远高于普通人员，分别高出 29.4 个百分点和 23.6 个百分点，见表 2 - 23。

表 2 - 20　新生代农民工与传统农民工防护用品的来源

单位：%

类别		自己购买	免费提供	部分自己购买
农民工	新生代农民工	7.1	42.1	50.7
	传统农民工	5.8	63.5	30.7

表 2 - 21　不同性别农民工防护用品的来源

单位：%

类别		自己购买	免费提供	部分自己购买
农民工	女性	7.1	35.7	57.1
	男性	6.5	50.6	42.9

表 2 - 22　不同受教育水平农民工防护用品的来源

单位：%

类别	受教育水平	自己购买	免费提供	部分自己购买
农民工	初中及以下	7.4	46.3	46.3
	高中/技校/中专	7.9	39.3	52.8
	大专及以上	2.2	73.3	24.5

表 2 – 23　不同工作层次农民工防护用品的来源

单位：%

类别	工作层次	自己购买	免费提供	部分自己购买
农民工	普通人员	7.6	45.6	46.8
	班组长	0	69.2	30.8
	工段长	0	75.0	25

　　除了防护用品，企业还会在津贴、实物等方面给予员工一定的劳动保护。相较于正式员工，农民工未获得此类劳动保护的比例为 26.6%，正式员工仅为 1.1%。针对不同性别的农民工，表 2 – 25 显示，43.5% 的女性农民工没有获得企业所提供的津贴、实物及其他劳动保护，获得津贴、实物保护的比例也远低于男性农民工。结果说明，企业在劳动保护方面对农民工和正式员工、女性农民工和男性农民工的重视程度不一样。

表 2 – 24　企业提供除防护用品之外的其他劳动保护情况

单位：%

类别	有			没有
	津贴	实物	其他	
农民工	35.4	20.4	44.2	26.6
正式员工	69.7	16.3	14.0	1.1

表 2 – 25　企业为不同性别农民工提供除防护用品之外的
其他劳动保护情况

单位：%

类别		有			没有
		津贴	实物	其他	
农民工	女性	8.7	0	47.8	43.5
	男性	28.9	17.2	29.7	24.2

（二）风险控制情况

　　对防护设备和设施进行定期维护可增强工作的安全性，表 2 – 26

显示，82.7%的正式员工和64.5%的农民工都指出所在企业会定期检查防护设备。对于企业有没有降低健康安全危害的设备的知晓度，正式员工高于农民工20.2个百分点，如表2-27所示，这可能与农民工由于职业的"暂时性"心理而产生的对职业安全健康的"忽视"有关。同时，女性农民工表示"不知道"企业是否有降低危害的设备的比例达60%，比男性农民工高出40.4个百分点，显示出女性农民工风险控制意识的"淡薄"，见表2-28。

表2-26　企业定期检查防护设备的情况

单位：%

类别	会	不会	不知道
农民工	64.5	16.7	18.8
正式员工	82.7	7.4	9.9

表2-27　所在部门有无降低危害的设备

单位：%

类别	有	没有	不知道
农民工	39.4	36.3	24.3
正式员工	59.6	27.6	12.8

表2-28　不同性别农民工对所在企业是否有
降低危害的设备的知晓情况

单位：%

类别		有	没有	不知道
农民工	女性	20	20	60.0
	男性	41.7	38.7	19.6

出于安全生产的目的以及技术更新换代的需要，企业会定期淘汰一些老工艺、陈旧设施或材料等，正式员工知晓并认可企业这一行为的比例为62.5%，高于农民工22.9个百分点。由于工作层次的不同，农民工群体对于企业是否会定期淘汰老技术，如工艺、设备

和材料的关注程度也不一样，普通农民工只有 39.6% 的人选择"会"，而班组长和工段长对该问题的选择比例分别为 48% 和 100%，呈现随工作层次升高认可度也逐渐升高的趋势，见表 2-30。

表 2-29　企业为提高工作安全性定期淘汰老技术
（工艺、设备、材料）的情况

单位：%

类别	会	不会	不知道
农民工	39.6	18.3	42.1
正式员工	62.5	11	26.5

表 2-30　企业为提高工作安全性定期淘汰老技术
（工艺、设备、材料）的情况

单位：%

类别	工作层次	会	不会	不知道
农民工	普通人员	36.9	18.5	44.6
	班组长	48.0	20	32
	工段长	100.0	0	0

应急救援是企业为了规范安全生产、提高事故应急管理能力的措施和程序。员工对于所在企业应急措施的知晓情况既能体现企业安全教育的成效，也可反映员工的安全意识。被调查群体中，90.9% 的农民工和 97.1% 的正式员工均知道紧急情况下用于逃生的安全通道的设置（见表 2-31）；70.1% 的农民工和 92.8% 的正式员工对企业制定的相关应急措施表示知晓（见表 2-32）。引导和鼓励员工为企业管理和发展献计献策有助于增强员工对企业的认同感，但是调查中农民工和正式员工参与相关安全事故应急措施制定的人数比例都不高，农民工为 20.6%，正式员工为 47.1%。对农民工参与比例比正式员工低的原因进行分析可以发现，一方面可能源于企业对于农民工的话语权和参与权的重视程度不够，另一方面可能与农民工群体受教育程度不高有关（见表 2-33 和表 2-34）。

表 2 - 31　企业设置安全通道的情况

单位：%

类别	有	没有
农民工	90.9	9.1
正式员工	97.1	2.9

表 2 - 32　您所在的企业是否有突发安全事件的应急措施

单位：%

类别	有	没有	不知道
农民工	70.1	6	23.9
正式员工	92.8	1.9	5.3

表 2 - 33　是否参与过应急措施的制定

单位：%

类别	参与过	没参与过
农民工	20.6	79.4
正式员工	47.1	52.9

表 2 - 34　是否参与过应急措施的制定

单位：%

类别	受教育水平	参与过	没有参与过
农民工	初中以下	19.7	80.3
	高中/技校/中专	13.6	86.4
	大专以上	35.6	64.4

从表 2 - 35 中关于企业在应急救援方面的编码分析结果来看，无论是对于农民工还是对于正式员工，企业在应急救援措施和配备的应急救援设施方面都是比较欠缺的。在应急救援措施方面，通知安全员处理在农民工和正式员工访谈中分别出现了两次，其次是通知厂里领导，只在农民工访谈中出现了 1 次。而在厂里所配

备的应急救援设施方面，只有急救用品在农民工和正式员工访谈中分别出现了 3 次。

表 2 - 35　应急救援的编码信息分析

树状节点和子节点		出现频次	
应急救援		农民工	正式员工
应急救援措施	通知安全员处理	2	2
	通知厂里领导	1	0
应急救援设施	报警装置	0	0
	事故通风系统	0	0
	急救用品	3	3
	应急撤离通道	0	0
	紧急救援站	0	0

（三）安全监管情况

通过对企业相关领导和员工的访谈，笔者了解到，为了能及时发现生产安全隐患并采取措施及时排查，企业设立了专职安全员，从级别、待遇等方面给予优厚保障，同时，安全员肩负的责任也很大。企业领导 HD1 谈道：

　　每个部门都有专职的安全员、职员，专职。他专门下一线对员工进行教育和安全检查，发现什么问题及时整改。那是专职岗，那是随时随地要在的。专职岗待遇也相当高，那都是副科级的待遇。如果出安全问题，那对他们的考核也是相当严的。

实际工作中，安全员在现场隐患的整改、危险源的监控、作业人员的安全教育等方面确实发挥了较好的监管作用。正式员工 Z1 说：

有安全员每天都在进行观察，哪里存在安全，哪里存在隐患都会进行指导，如果这是有安全隐患需要整改，他都会帮助解决。比如说这个钢丝绳能吊三人，但是它吊了五人，安全员看到就会非常生气，让立马停掉，进行一些罚款、照相、公布什么的，公司的一些违章的安全隐患都会拍下来放到黄色册子那里面。

农民工 L2 也提道：

有专职安全员，每天都在车间观看，观看行车与地面的操作，看见之后就处理，专职安全员就是专门做这些方面的。

三 农民工职业安全健康权益的保障

农民工的职业安全健康权益涉及薪酬待遇、社会保险参保水平和参保覆盖面、职业性健康体检以及职业健康监管工作等内容，其保障水平的高低和保障力度的强弱既关系到企业的管理和社会效益，又关系到农民工自身权益和职业发展的实现。

（一）农民工工资报酬明显低于正式员工

农民工的工资收入与正式员工相比存在较大差异，农民工所能享受到的企业福利在内容和数量上都非常有限。农民工 HL5 提道：

正式员工有五险一金，还有保留工资、驻外补贴、防暑补贴、优惠券，我们农民工只有一点饮料和优惠券，岗位相同的话，岗位不同工资也有不同。但是我们农民工跟正式员工的工资还是差很多，他们的保留工资多，平均高七八百，占总工资的1/3多呢。

图 2 - 2 显示，员工中，月收入 1500 元以下的农民工比例达 60.6%。

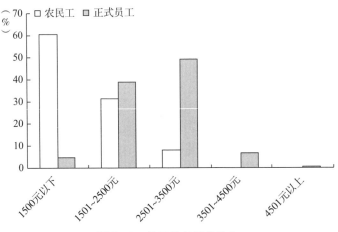

图 2 - 2 员工的每月纯收入

在不同的分公司，农民工的收入水平也表现出较明显的差异。从表 2 - 36 可以看出，企业 2 的农民工每月收入水平要高于企业 1 的农民工。在企业 1 中 84% 的农民工每月收入在 1500 元以下；企业 2 中 63.9% 的农民工收入在 1501～2500 元。这体现的是同一总公司下不同分公司之间的薪酬差异，但就农民工群体来说，其收入水平远低于正式员工。

表 2 - 36 不同分公司农民工的每月纯收入

单位：%

类别		1500 元以下	1501～2500 元	2501～3500 元
企业 1	农民工	84	12.6	3.4
企业 2	农民工	19.4	63.9	16.7

农民工虽然具备了一定的健康安全意识，如自行购买防护用品、自愿自主参加"新农合"保险等，但微薄的薪酬使得他们在健康安全的自我投入方面显得力不从心；企业提供职业安全健

康服务时，如防护用品的提供、购买相关保险、职业健康体检等，又更多地倾向于正式员工，对农民工权益的保护和保障力度不够。

（二）农民工参加社会保险的总体水平仍然较低

表 2 - 37 显示，企业为农民工和正式员工都购买了相关保险，但参保人数比例存在差异，有 26.6% 的农民工指出企业并未为其购买相关保险。根据农民工群体的性别和工作层次，企业为不同特征农民工购买保险的情况存在差异。表 2 - 38 表明，48.1% 的女性农民工认为企业没有为其购买保险，高于男性农民工 24.1 个百分点；工作层次不同，受企业的重视程度也不一样，31.4% 的普通人员指出企业未为其购买相关保险，班组长和工段长则 100% 享受到了企业所提供的该项保障，见表 2 - 39。在表 2 - 40 中，不同的分公司为农民工购买保险的比例存在明显差异。企业 1 的 125 名农民工中 57.4% 的人享受到企业的这项福利，该比例远远低于企业 2 的 98.7% 的覆盖面，也低于正式员工的保险覆盖面。

表 2 - 37　企业为员工购买保险的情况

单位：%

类别	购买	没有购买
农民工	73.4	26.6
正式员工	99.0	1.0

表 2 - 38　企业为不同性别农民工购买保险的情况

单位：%

类别		购买	没有购买
农民工	女性	51.9	48.1
	男性	76.0	24.0

表 2 - 39　企业为不同工作层次农民工购买保险的情况

单位：%

类别	工作层次	购买	没有购买
农民工	普通人员	68.6	31.4
	班组长	100	0
	工段长（n = 4）	100	0

表 2 - 40　不同企业为员工购买保险的情况

单位：%

类别		购买	没有购买
企业 1	农民工	57.4	42.6
	正式员工	88.2	11.8
企业 2	农民工	98.7	1.3
	正式员工	100	100

　　访谈中了解到，由于用工制度的差别，农民工的保险种类与正式员工存在一定差别，且保险金是劳务派遣公司代为缴纳，企业起监督作用。企业领导 HD2 提道：

　　　　我们这里是负责五险，一金不负责。我们把费用支付给派遣公司，由派遣公司给农民工缴纳。我们每个月支付都有发票，派遣公司都有缴费凭证，他要给我们的。

　　进一步分析显示，在购买的社会保险险种中，企业给农民工购买的保险主要为医疗保险、工伤保险、失业保险和养老保险四个险种，参加水平总体偏低；具体到每一个险种，正式员工的保险覆盖面远大于农民工，购买率远高于农民工，如表 2 - 41 所示，医疗保险覆盖了 73.4% 的农民工和 99% 的正式员工，失业保险覆盖了 69.2% 的农民工和 95.5% 的正式员工，养老保险覆盖了 69.9% 的农民工和 100% 的正式员工。此外，除了工伤保险之外，企业为女性农民工购买的医疗保险、失业保险、养老保险和住房公积金覆盖率均低于男性农民工，就算是"生育保险"也只覆盖了 35.7% 的女性农民工，见表 2 - 42。

表 2 - 41　企业为员工购买的保险种类

单位：%

类别	生育保险	医疗保险	工伤保险	失业保险	养老保险	住房公积金	其他
农民工	21.7	73.4	79	69.2	69.9	2.1	0
正式员工	30.1	99.0	72.9	95.5	100.0	99.0	3.5

表 2 - 42　企业为不同性别农民工购买的保险种类

单位：%

类别		生育保险	医疗保险	工伤保险	失业保险	养老保险	住房公积金	其他
农民工	女性	35.7	50	100	50	50	0	0
	男性	20.0	76.8	76	72	72.8	2.4	0

除了企业为员工购买的相关保险，一些农民工出于对自身权益的保障，会自主参加"新农合"保险。当问及"有没有参加'新型农村合作医疗'"的问题时，作答的 191 名农民工中有 112 人回答参加了"新农合"，占其总数的 58.6%，见表 2 - 43。结果说明，尽管农民工安全培训相对少于正式员工，也缺乏免费提供的防护用品，但他们具有一定的自我保护意识和健康意识，会主动购买一定的防护用品，自行缴费、自愿参加"新农合"保险。

表 2 - 43　农民工参加"新型农村合作医疗"的情况

单位：%

类别	参加	没有参加
农民工	58.6	41.4

（三）农民工职业性体检率较低且部分体检项目缺乏针对性

参加职业健康体检是劳动者在劳动过程中的基本权益之一。对于劳动者来说，通过职业健康体检能及时知晓身体健康情况，调整生活和工作状态，提高生活质量。对于企业来说，通过职业健康体检能及时了解劳动者的健康情况，避免安排有职业禁忌的劳动者从事相关工作，起到防患于未然的作用。

图 2 - 3 显示，48.7% 的农民工从未参加过企业为其提供的健康体检；52% 的正式员工能在半年至一年时间内接受一次健康体检，从来没有进行过体检的正式员工只占总人数的 4.9%。结果表明，在企业提供的职业健康体检方面，农民工的职业性体检率显著低于正式员工，$p < 0.000$。农民工 HL3 反映，自己在该企业下属的一个分公司"工作了四年，只体检过一次"。

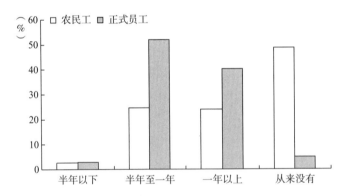

图 2 - 3　企业为员工提供职业健康体检的频率

此外，表 2 - 44 显示，在农民工职业性体检率显著低于正式员工的基本情况之下，女性农民工的职业性体检率显著低于男性农民工，$p < 0.000$，从未参加过职业健康体检的女性农民工达 80.8%。由于微观制度环境的差异，不同分公司对农民工职业体检的重视程度也不一样，提供职业健康体检的频率差异明显。在企业 2，"半年至一年"和"一年以上"能参加企业提供的职业健康体检的农民工比例为 55.3% 和 39.5%，占总人数的 94.8%，高

于企业15%和14.3%的比例,见表2-45。

表2-44　企业为农民工提供职业健康体检的频率

单位:%

类别		半年以下	半年至一年	一年以上	从来没有
农民工	女性	0	7.7	11.5	80.8
	男性	3.0	27.9	24.8	44.3

表2-45　不同企业为员工提供职业健康体检的频率

单位:%

类别		半年以下	半年至一年	一年以上	从来没有
企业1	农民工	1.7	5.0	14.3	79.0
	正式员工	0	6.0	47.0	47.0
企业2	农民工	3.9	55.3	39.5	1.3
	正式员工	3.2	56.1	39.6	1.1

对职业病诊断与病人保障的编码分析结果显示,从表2-46的总体情况来看,正式员工出现的频次要高于农民工。在职业病诊断与鉴定方面,与农民工群体访谈时了解到,多数人都没听说过"职业健康"这个概念,他们认为企业对成员职业病防治是直接忽略的。而三个子公司也从来没有配备过医务安全员,公司里也没配备安全室。倘若员工在工作过程中患上什么疾病,在对患病成员的保障方面,农民工与正式员工相比,同样也是存在差异的。

表2-46　职业病诊断与病人保障的编码信息分析

树状节点和子节点		出现频次	
职业病诊断与病人保障		农民工	正式员工
职业病诊断与鉴定		0	2
职业病病人保障	治疗	1	4
	康复	1	4
	安置	1	4

从访谈过程中了解到，企业对农民工群体的健康体检并不是硬性要求的，费用是自理或由劳务派遣公司承担；正式员工的健康体检是企业规定的，一般每年都会固定检查一次，费用则由企业承担。

正式员工 Z1 在访谈中说道：

> 体检一年一次（转正的时候体检），农民工就没有体检，农民工进公司的时候需要体检一次，但是钱要自己出，我们的体检费是公司出的。

同时，有员工认为企业所提供的健康体检项目部分缺乏针对性。对于体检的结果也有员工提出质疑，甚至自己掏钱另行检查。

正式员工 HZ4 说道：

> 很多都说不清楚，你说你得了一个病，企业说你是健康的，举个例子，你去医院看，医院检查出来告诉你这个是职业病，我就和企业打官司，企业被告了，是拿钱不了了之，哪个会承认，会来管这个？我跟你说职业病复杂得很，只有自己做的是最准确的，它做的都是假的，真的……那要看企业啦，认真检查是回事，随便检查又是另外一回事，是不是过场……（如果）这个结果跟企业做出来的结果不一样，和我出了钱做出来的是一样的，我就相信没作假，再则我就不信。还是在起步阶段，职业健康方面落实不到位。

（四）企业的职业健康监管工作不到位

建立、健全员工的职业健康档案是企业实行职业健康监管工作的依据，也是职业病鉴定、诊断、防治的基础，既有利于劳动者健康安全权益的保障，也有利于企业和国家相关部门系统、动态地追踪员工职业病发生和发展的过程，加强健康安全管理能力，提高防治水平，节约生产经营成本。

问卷调查表明，绝大多数农民工和正式员工都认为企业对员工实行职业健康管理是责无旁贷、绝对有必要的，如表 2 - 47 所示。在实际管理过程中，企业为正式员工建立职业健康档案的比例远高于农民工。表 2 - 48 显示，75% 的正式员工选择认为自己有职业健康档案，比例远高于农民工，作答为"没有职业健康档案"或"不知道有没有职业健康档案"的农民工比例占其总人数的66%。而在农民工群体中，65.9% 拥有大专以上学历的农民工认为自己有职业健康档案，比例高于初中以下学历的农民工（22.4%）以及高中/技校/中专学历的农民工（27%），见表 2 - 49。表 2 - 50中，认为自己"没有职业健康档案"或"不知道有没有职业健康档案"的企业 1 的农民工和正式员工分别占总人数的 86.3% 和88.2%，而企业 2 中这一比例分别为 35.5% 和 19.4%。

表 2 - 47　企业有无必要对员工实行职业健康管理

单位：%

类别	有必要	没有必要
农民工	97.9	2.1
正式员工	100	0

表 2 - 48　是否有职业健康档案

类别	有	没有	不知道
农民工	34.0	39.0	27.0
正式员工	75.0	9.6	15.4

表 2 - 49　是否有职业健康档案

单位：%

类别	受教育水平	有	没有	不知道
农民工	初中以下	22.4	43.3	34.3
	高中/技校/中专	27.0	49.4	23.6
	大专以上	65.9	11.4	22.7

表 2 – 50　是否有职业健康档案

单位：%

类别		有	没有	不知道
企业 1	农民工	13.7	56.4	29.9
	正式员工	11.8	47.0	41.2
企业 2	农民工	64.5	10.5	25.0
	正式员工	80.6	6.3	13.1

另外，表 2 – 51 和表 2 – 52 显示，企业对于员工的职业健康档案的建立、使用和监管等无明确宣传或告知，因此，无论是正式员工还是农民工都不太确定其职业健康状况是否会定期反映到上级部门，是否会引起上级部门的关注和重视，也都不太确定其职业健康信息是否会被定期更新。

表 2 – 51　员工的职业健康状况是否会定期反映到上级部门

单位：%

类别	会	不会	不知道
农民工	17.8	29.9	52.3
正式员工	46.8	12.7	40.5

表 2 – 52　职业健康信息是否会定期更新

单位：%

类别	会	不会	不知道
农民工	17.9	25	57.1
正式员工	42.5	10.5	47.0

此外，企业在为员工提供职业病康复疗养机会这一方面存在差异，90.3% 的农民工没有获得职业病康复疗养机会，与正式员工相比高出了约 24 个百分点。结果说明，农民工和正式员工同工并不享受相同福利，如表 2 – 53 所示。

表 2 - 53　企业提供职业病康复疗养机会的情况

单位：%

类别	有	没有
农民工	9.7	90.3
正式员工	34.0	66.0

　　企业对成员的职业卫生管理的编码分析结果反映出，总体上，正式员工的情况要好于农民工（见表 2 - 54）。其中，在规章制度方面，有关职业病防治计划、职业病防治实施方案和职业卫生管理制度，在访谈过程中农民工都没有谈及相关内容，谈及的只有岗位操作规程。从内容来看，农民工谈及的岗位操作规程主要包括安全、技能操作方面的规章，例如超载、超重和监控超标指数等。在职业卫生培训方面，只有一位农民工谈及了职业病防治知识。从内容来看，该名成员只是在访谈的时候说到一般车间门口都会粘贴防止员工受伤的相关公告。对于工作场所职业病危害因素的监测与评价，无论从监测和评价任何一方面来看，企业对正式员工所做的都要多于对农民工所做的。而在职业健康监护方面，从访谈的内容来看，企业对农民工群体的健康检查并不是硬性要求的，他们进行健康检查费用自理。而正式员工群体的健康检查是企业规定，上岗前要检查并且每半年都会固定检查一次。

表 2 - 54　职业卫生管理的编码信息分析

树状节点和子节点		出现频次	
职业卫生管理		农民工	正式员工
规章制度	职业病防治计划	0	1
	职业病防治实施方案	0	2
	职业卫生管理制度	0	5
	岗位操作规程	5	4

续表

树状节点和子节点		出现频次	
职业卫生管理		农民工	正式员工
职业卫生培训	法律法规	0	2
	职业病防治知识	1	5
工作场所职业病危害因素的监测与评价	危害因素监测	1	6
	危害因素评价	1	3
职业健康监护	上岗前健康检查	3	2
	在岗期间定期健康检查	3	8
	离岗时健康检查	1	0
	应急健康检查	0	0
职业卫生档案		0	1

关于企业对成员职业病危害源头的控制，从表2-55中反映出的总体情况来看，在职业病危害源头的相关信息方面，农民工与正式员工出现的频次相当；而职业病控制方面，农民工出现的频次为0，正式员工出现的频次为2。

表2-55 职业病危害源头控制的编码信息分析

树状节点和子节点		出现频次	
职业病危害源头控制		农民工	正式员工
职业病危害源头	灰尘、粉尘	14	10
	辐射	0	3
	噪声	5	6
	烫伤	1	1
	高温	0	3
	坠落	2	3
	毒气	1	3
	高空	2	0
	其他	2	3
职业病控制		0	2

四 农民工心理健康状况分析

（一）心理健康状况量表项目分析

根据调查样本，为了检验调查数据是否适合做因素分析，对数据进行了 Bartlett 球形检验（Bartlett's Test of Sphericity），χ^2 值为 2466.827，$p = 0.000$，说明各项目间有共享因素的可能性。同时，计算取样合适性度量值 KMO（Kaiser – Meyer – Olkin）结果为 0.910，说明样本在该量表的 10 个项目上的测验分数的充足度很好，适宜进行因素分析。

首先，采用一般通用的主成分分析法进行初步的因子抽取，根据量表设计假设，强行抽取 3 个共同因素，特征根均大于 1。其次，对因素分析结果进行 Varimax 最大正交旋转，3 个公因子的累积方差贡献率为 75.076%，因子结构及各项目的因子负荷见表 2 – 56。

表 2 – 56　Varimax 正交旋转后 10 个项目在各个因素上的负荷值

项目号	工友关系	消极情绪	生活满意度
Q53C	.831		
Q53E	.785		
Q53J	.742		
Q53B	.687		
Q53D		.848	
Q53A		.815	
Q53F		.714	
Q53I		.702	
Q53G			.805
Q53H			.783

注：本表省略了 0.4 以下的负荷值。

根据探索性因素分析及各因子所属项目的意义，对心理健康量表的 3 个公因子进行了命名。

因素 1（工友关系），包括项目：（Q53B）"目前我能很快适应工作环境的变化"、（Q53C）"我能稳定自己的情绪和工友真诚相处"等共 4 个项目。

因素 2（消极情绪），包括项目：（Q53A）"最近半年来，我感觉很打不起精神"、（Q53D）"我经常觉得自己很孤独"等共 4 个项目。

因素 3（生活满意度），包括项目：（Q53G）"我比较满意我现在的生活"、（Q53H）"我现在正处于人生中最辉煌的时期"等共 2 个项目。

信度检验结果显示，3 个分量表的 α 系数分别为 0.882、0.853、0.802，均在 0.70 以上；此外，整个量表的 α 系数为 0.911，说明该量表的信度颇佳。

（二）农民工的心理健康状况相对较差

从事职业工作，需要有相应的心理素质和良好的心理状态，这也是保证工作顺利开展的重要方面。表 2 - 57 从不同指标分别对农民工和正式员工进行分析，可以发现农民工的心理健康状况总体上比正式员工的差。调查表明，在三项关于心理健康的指标中即工友关系、消极情绪和生活满意度，正式员工的工友关系和生活满意度显著高于农民工的，也就是说农民工在工友关系和生活满意度方面都低于正式员工，见表 2 - 57；尽管消极情绪的数据表明正式员工的均值 13.4636 高于农民工的 12.7434，但是这种差别并不具有统计学上的显著性差异（$p = 0.204$），如表 2 - 57 所示。

表 2 - 57　农民工和正式员工心理健康的总体情况

类别		N	Mean	Std. Deviation	T	Sig.
工友关系	农民工	226	14.4115	5.111	-3.257	.001
	正式员工	261	16.0575	5.925		

类别		N	Mean	Std. Deviation	T	Sig.
消极情绪	农民工	226	12.7434	5.696	-1.272	.204
	正式员工	261	13.4636	6.665		
生活满意度	农民工	226	5.2345	3.279	-3.185	.001
	正式员工	261	6.2567	3.737		

(三) 农民工心理健康状况存在差异

职业心理健康会受到多种因素的影响而存在差异性,探寻影响因素有助于改善从业者的职业健康心理,提升职业工作者的工作积极性。为了进一步探讨农民工群体的心理健康状况,以下从与农民工职业工作相关的几个角度进行分析。调查表明,就职业工作条件而言,企业环境、工作强度是重要影响因素,而就农民工个体来说,主要的影响因素是受教育程度和在企业工作的工龄。

数据资料表明,影响农民工心理健康状况的职业工作条件的因素主要是企业环境和工作强度。

首先,企业整体环境条件好,农民工的心理健康状况相对就较好。本书对企业1和企业2的员工做T检验,探讨不同企业环境条件对员工心理健康的影响是否存在差异。在实际的调查中,尽管同为Y企业的子公司,企业2在诸多方面比企业1更加注重员工的福利和工作条件的改善,使得整个公司的员工对公司认同感相对较强。诸如,公司与当地公交公司签订了合约,每天从公司到所在地的市里都有定时班车,制定了许多具体的职业健康相关制度等。整体结果显示,在工友关系和生活满意度维度,企业2的员工显著高于企业1的员工($p=0.000$),见表2-58。进一步对在企业1和企业2工作的农民工的心理健康状况进行分析,发现情况亦然,企业2的农民工在工友关系和生活满意度方面高于企业1的农民工($p=0.008$,$p=0.012$),见表2-59。

表 2 - 58　不同企业类别员工心理健康状况

类别		N	Mean	Std. Deviation	T	Sig.
工友关系	企业 1	170	13. 8882	5. 14343	- 4. 612	. 000
	企业 2	330	16. 2758	6. 09048		
消极情绪	企业 1	170	13. 3706	5. 40964	. 100	. 921
	企业 2	330	13. 3091	7. 02805		
生活满意度	企业 1	170	4. 8765	3. 17200	- 4. 599	. 000
	企业 2	330	6. 3636	3. 87038		

表 2 - 59　不同企业类别农民工心理健康状况

类别		N	Mean	Std. Deviation	T	Sig.
工友关系	企业 1	138	13. 6449	4. 16941	- 2. 714	. 008
	企业 2	87	15. 6782	6. 15402		
消极情绪	企业 1	138	12. 6739	4. 58682	- . 152	. 879
	企业 2	87	12. 7931	7. 14328		
生活满意度	企业 1	138	4. 7609	2. 72741	- 2. 533	. 012
	企业 2	87	5. 9770	3. 92066		

　　其次，工作强度适宜的农民工心理健康状况更好。工作作为人谋取生活所需、获得生活归属感的基本方式对于每一个人来说都是极其重要的。但由于体力和身体状况的原因，人们能够承受的工作强度不尽相同，由此也会影响到他们的心理状况。调查数据显示，适宜的工作强度有助于人们的心理健康处于更好的状态。3% 的农民工每天的工作时间在 8 小时以内（含 8 小时），36.7% 的为 9 ~ 12 小时。每天工作时间在 8 小时以内的农民工在工友关系和生活满意度方面优于或高于工作时间为 9 ~ 12 小时的农民工（$p < 0.05$，见表 2 - 60）。

表 2 - 60　不同工作强度的农民工心理健康状况

类别		N	Mean	Std. Deviation	T	Sig.
工友关系	8 小时以内	140	14.7143	4.98384	2.212	.028
	9～12 小时	73	13.2055	4.17984		
消极情绪	8 小时以内	140	12.3643	5.83245	-.484	.629
	9～12 小时	73	12.7397	4.35899		
生活满意度	8 小时以内	140	5.4571	3.29676	.199	.049
	9～12 小时	73	4.5753	2.64532		

调查数据显示，影响农民工心理健康状况的个体因素主要是受教育程度和在企业工作的工龄。

首先，受教育水平高的农民工心理健康状况更好。从表 2 - 61 可以看出，受教育程度显著影响着农民工的心理健康水平。具体而言，在工友关系方面，小学及以下受教育程度的农民工心理健康水平显著低于其他文化程度的农民工，其他文化程度的农民工的心理健康水平无显著差异；消极情绪方面，小学及以下受教育程度的农民工心理健康水平与初中学历的农民工相比存在显著差异；生活满意度方面，小学及以下受教育程度的农民工心理健康水平显著低于其他文化程度的农民工，初中学历的农民工心理健康水平显著低于高中/技校/中专学历的农民工（$p < 0.05$），与其他文化程度的农民工无显著差异（见表 2 - 61）。

表 2 - 61　不同受教育水平的农民工心理健康状况

因变量	农民工类别		Mean difference	Std. Error	Sig.
工友关系	小学及以下	初中	8.02899*	2.09448	.002
		高中/技校/中专	9.33654*	2.06609	.000
		大专	8.76316*	2.16174	.001
		大学	9.22222*	2.59355	.005

续表

因变量	农民工类别		Mean difference	Std. Error	Sig.
工友关系	初中	小学及以下	−8.02899*	2.09448	.002
		高中/技校/中专	1.30755	.76406	.884
		大专	.73417	.99408	1.000
		大学	1.19324	1.74400	1.000
	高中/技校/中专	小学及以下	−9.33654*	2.06609	.000
		初中	−1.30755	.76406	.884
		大专	−.57338	.93278	1.000
		大学	−.11432	1.70980	1.000
	大专	小学及以下	−8.76316*	2.16174	.001
		初中	−.73417	.99408	1.000
		高中/技校/中专	.57338	.93278	1.000
		大学	.45906	1.82424	1.000
	大学	小学及以下	−9.22222*	2.59355	.005
		初中	−1.19324	1.74400	1.000
		高中/技校/中专	.11432	1.70980	1.000
		大专	−.45906	1.82424	1.000
消极情绪	小学及以下	初中	6.94928*	2.39919	.042
		高中/技校/中专	6.26282	2.36667	.087
		大专	6.79825	2.47624	.065
		大学	6.94444	2.97087	.203
	初中	小学及以下	−6.94928*	2.39919	.042
		高中/技校/中专	−.68645	.87522	1.000
		大专	−.15103	1.13870	1.000
		大学	−.00483	1.99773	1.000
	高中/技校/中专	小学及以下	−6.26282	2.36667	.087
		初中	.68645	.87522	1.000
		大专	.53543	1.06849	1.000
		大学	.68162	1.95856	1.000

续表

因变量	农民工类别		Mean difference	Std. Error	Sig.
消极情绪	大专	小学及以下	− 6.79825	2.47624	.065
		初中	.15103	1.13870	1.000
		高中/技校/中专	− .53543	1.06849	1.000
		大学	.14620	2.08963	1.000
	大学	小学及以下	− 6.94444	2.97087	.203
		初中	.00483	1.99773	1.000
		高中/技校/中专	− .68162	1.95856	1.000
		大专	− .14620	2.08963	1.000
生活满意度	小学及以下	初中	3.90580*	1.31915	.034
		高中/技校/中专	5.50321*	1.30127	.000
		大专	5.58772*	1.36151	.001
		大学	6.72222*	1.63347	.001
	初中	小学及以下	− 3.90580*	1.31915	.034
		高中/技校/中专	1.59741*	.48122	.011
		大专	1.68192	.62609	.078
		大学	2.81643	1.09841	.110
	高中/技校/中专	小学及以下	− 5.50321*	1.30127	.000
		初中	− 1.59741*	.48122	.011
		大专	.08451	.58749	1.000
		大学	1.21902	1.07687	1.000
	大专	小学及以下	− 5.58772*	1.36151	.001
		初中	− 1.68192	.62609	.078
		高中/技校/中专	− .08451	.58749	1.000
		大学	1.13450	1.14894	1.000
	大学	小学及以下	− 6.72222*	1.63347	.001
		初中	− 2.81643	1.09841	.110
		高中/技校/中专	− 1.21902	1.07687	1.000
		大专	− 1.13450	1.14894	1.000

* $p < 0.05$。

其次，在企业工作时间长的农民工心理健康状况更好。在社会生活中，人们需要与他人产生归属感，也会在与他人的相处过程中集聚相应的社会资本。两者对人们的生活尤其是组织生活都会有较重要的影响，前者会影响到工友关系，后者是生活满意度的重要基础。通过对调查数据的分析，我们发现，在岗的农民工工作年限基本可以分为两类：5 年以下以及 5～15 年，两者比例分别为 64.3% 和 35.7%。资料数据显示，工作时间在 5～15 年的农民工在工友关系和生活满意度方面显著优于工作时间在 5 年以内的农民工（见表 2－62）。

表 2－62 不同工龄的农民工心理健康状况

类别		N	Mean	Std. Deviation	T	Sig.
工友关系	60 个月以下	142	13.7183	4.16736	-2.615	.010
	61～180 个月	79	15.5063	5.93528		
消极情绪	60 个月以下	142	12.7183	4.62090	.288	.774
	61～180 个月	79	12.4684	6.89451		
生活满意度	60 个月以下	142	4.7535	2.70326	-2.771	.006
	61～180 个月	79	5.9747	3.80275		

五 基本结论及分析

海因里希（Hinze）的事故因果连锁理论认为，事故产生的直接原因是人的不安全行为或失误、物的不安全状态或障碍。海因里希认为，"健康和安全并非偶然"[1]，劳动者因素尤其是劳动者自身的基本素质对职业安全健康教育等方面有重要影响。

---

[1] Hinze, J., *Construction Safety*, Second ed. (New Jersey: Prentice Hall, 2006), p. 18.

（一）农民工受教育程度影响职业安全健康教育的内容和效果

《第二次全国农业普查主要数据公报》显示，外出从业劳动力中，文盲占 1.2%，小学文化程度占 18.7%，初中文化程度占 70.1%，高中文化程度占 8.7%，大专及以上文化程度占 1.3%。[1] 我国的农民工群体中，低学历人群占较大比重。在本书中，农民工文化程度以初中和高中/技校/中专为主，分别占 30.5% 和 40%，大专占 16.8%，虽然总体水平低于正式员工的受教育程度，但高中文化程度和大专及以上文化程度比例高于社会总体平均水平。然而，市场竞争激烈，农民工自身素质的提升速度总是赶不上市场经济高速发展对人才素质的要求。据中国劳动力市场网发布的信息，2009 年城市劳动力市场对高中及以上文化程度的劳动力的需求占总需求的 60.2%，对初中及以下文化程度的劳动力需求仅占 39.8%；同时，对受过专门的职业教育，具有一定技能的中专、职高和技校水平的劳动力需求量最大，占总需求的 56.6%。[2] 当前，整个农民工群体以及新生代农民工群体的受教育程度和职业技能水平都普遍滞后于城市劳动力市场的需求。在访谈中了解到，在进入企业就业之前，大多数农民工都缺乏相关岗位的专业技能以及职业安全健康的基本认知，都是在工作过程中通过企业培训或"师傅带徒弟"这类方式获得技术、技能和相关健康及安全知识。

总之，在市场经济环境中，农民工群体受教育程度相对较低的现实极大地限制了其各方面的发展。一是"知识经济效应"在农民工群体中得以体现，具体来说，拥有大专以上学历的农民工每月可获得的收入高于其他受教育层次的农民工。二是农民工受教育的水平和程度使得他们获取职业安全健康知识手段有限，渠道狭窄，对信息内容的加工程度不深，缺乏职业病防治意识和基

---

① 《第二次全国农业普查主要数据公报》，国家统计局，2008 年 2 月 22 日。
② 《全国总工会：关于新生代农民工问题的研究报告》，http://news.sohu.com/20100621/n272942936.shtml，2010 年 6 月 21 日。

本常识。三是由于受教育水平相对不高，农民工即便遭受伤害或患上职业病，也不能有效地通过法律武器或正规途径维护自身权益。由于职业安全识别意识不强，在寻医就诊中也就不能有意识地向医生告知工作岗位上的有毒有害因素和职业危害暴露史，容易造成误诊。此外，由于受教育程度不高，在自我安全保护意识方面还秉承一些传统的、朴素的观念和办法来防范职业安全健康危害，如"吃猪血可以防治尘肺"等，缺乏科学的观念、技术和手段。

（二）农民工职业的高流动性给健康安全教育带来困难

有研究者指出，农民工在一个城市的平均居住时间为 2 年 7 个月。[①] 调查中我们也发现，Y 企业农民工的职业流动性很大。职业的高流动性使得农民工接受培训的机会和培训内容减少，培训时间短，常常对一个职业和工种的了解程度不深就已辞职，形成了职业的"暂时性"心理。这种工作心理会导致农民工不愿意深入去了解职业状况和职业安全健康常识，主观上容易形成对职业安全健康的"忽视"和"淡漠"。

（三）农民工安全健康意识相对薄弱

缺乏安全保护意识是导致事故发生时人的不安全行为的表现之一。本书中，相对于正式员工来说，农民工自主学习和主动接受职业安全健康知识和信息的意识以及自我保护的意识还比较欠缺。访谈中了解到，农民工上工经常不戴安全帽、嫌麻烦常常不使用遮光防护罩、因为天气炎热也大多不戴口罩，这种现象比比皆是。

此外，虽然企业也会在车间、宿舍、食堂等员工经常出入的场所设置公告栏，定期粘贴一些以职业病防治的规章制度、职业

[①] 黄润龙、杨来胜：《农民工生存状态扫描——苏南、苏中 8 市的调查报告》，《南京人口管理干部学院学报》2007 年第 4 期。

病危害防治方法、工作场所职业病危害因素监测结果、安全生产操作规程、职业安全事故应急救援方法等内容为主的公告，但相较于正式员工而言，农民工自主关注和加强职业安全健康知识学习的意识和行为还比较欠缺。

尽管农民工已经具备了一定的自身权益保障意识，但在职业安全健康事件频发、高发的现状下，其保护意识是不足以完全保障自身安全的。尤其是农民工群体的参保意识还存在诸多问题，表现出一些新情况。新生代农民工与传统农民工相比，受教育程度更高，对职业安全健康的要求也更高，但自主、自愿参加"新农合"保险和"农村养老保险"的比例却低于传统农民工。这一新问题的出现可能与新生代农民工对自身的错误判断以及对未来缺乏有效规划有关。调查对象中的新生代农民工年龄均在35岁以下，正是一生中最年富力强的时候，年轻、体力好、精力旺盛的现实状况容易让他们形成对自身的误判，对未来缺乏危机感，加之对社会保障认知存在模糊性，新生代农民工自主、自愿参保的积极性不如传统农民工。

（四）劳动者素质及组织化程度影响农民工职业安全健康权益的维护

劳动谈判是劳动者获得工资报酬、安全保障以及其他利益的前提和基础。一般情况下，谈判中劳动双方的地位是不平等的，资方往往处于优势。在我国，农民工是所有劳动者中的"弱势群体"，在劳动谈判中作为劳方往往处于非常被动的地位，他们所从事的职业主要集中在职业安全健康事故高发的工矿企业、制造业、建筑业等劳动密集型产业，劳动时间长，劳动强度大，工资待遇低，缺乏有效的健康和安全保障。在市场转型过程中，劳动供求关系日益严峻，处于优势和主导地位的企业可能利用农民工素质方面的弱势（文化程度不高、安全意识薄弱、工作技能缺乏、组织化程度低等），无视相关法律法规，降低安全投入水平，侵犯农民工的合法权益。

如何在谈判和博弈中保护自身权益，很大程度上取决于劳动者自身的素质及组织化程度。工会是劳动者的组织联盟，是劳动者利益的代表。工会参与安全生产监管工作，起着组织和代表劳动者监督企业加强职业安全健康管理的作用，也是"多元主体治理"的社会治理理念的体现。根据《企业工会工作条例（试行）》的规定，企业工会的基本职责可以概括为四个方面，即参与职责、维护职责、建设职责和教育职责。工会在员工的职业安全健康权益维护方面的作用为事前预防、事中监督、事后救济。① 在访谈中我们了解到，工会在维护劳动者职业安全健康权益保障方面发挥的作用有限，基本限于解决员工的子女就学、调解家庭矛盾和邻里纠纷、困难帮扶等方面。此外，在工作和日常生活中，农民工群体组织化程度较低，个体分散，相互间的联系和支持较少，互动不够，缺乏"自组织"来有效地表达利益诉求和维护自身利益。

---

① 尚春霞：《工会与农民工职业健康权益维护》，《中国劳动关系学院学报》2011年第 3 期。

| 第三章 |

企业的农民工职业安全健康服务管理现状

　　Y 企业作为一个具有长期历史的大型国有控股企业，在职业安全健康管理方面无疑具有诸多值得肯定的方面，其认识的基点、机构的建设、制度规范的安排，以及相应的资金投入等方面都是可圈可点的。正由于此，X 省人力资源和社会保障厅农民工处负责人给本书推荐了 X 省的这个企业。在对 X 省安监局职业健康管理监督处相关负责人的访谈中我们了解到，该省农民工职业健康状况总体不容乐观，尤其是在购买工伤保险方面，该省有关部门初步统计的签订劳动合同且购买工伤保险的农民工数量仅占农民工总数的 10% 左右。同时，该负责人还指出，有关部门调查发现"企业制度越规范，其成员所享受到的职业健康服务就越健全"①。该负责人列举了得到该省农民工联合会议办公室和省安监局职业健康管理监督处业绩认可的制造类代表企业之一的 Y 企业，肯定了 Y 企业在职业健康服务方面较为突出的表现。从调查中我们发现，Y 企业在农民工职业安全健康服务管理方面做了诸多工作，当然在 Y 企业中不同的子公司间的工作也有差别，以下为所获的基本认识。

---

　　① 据 X 省农民工联合会议办公室和省安监局职业健康管理监督处访谈资料整理而成。

一 企业职业安全健康服务管理的基本状况

（一）职业安全健康的认识明确

Y 企业始建于抗日战争时期，作为国有控股大型企业，中华人民共和国成立后 Y 企业在 X 省一直声名远扬，目前是一个集多元产业经营项目为一体的特大型企业集团，为中国企业 500 强之一。一直以来，Y 企业注重生产质量和效益，持续提高企业市场竞争力和盈利水平，为国家创造了大量经济财富，除此之外，尤其注重资源节约和环境保护，为员工谋福祉，尽社会责任，主动服务和融入国家发展战略。为实现自己作为大型国有企业的责任担当，Y 企业构建了独特的企业文化，并借此凸显企业核心竞争力，提升企业整体素质，增强员工队伍的凝聚力和创造力，提高企业的竞争力，实现企业和人的全面、协调发展。在企业文化建设中与职业安全健康有关的方面是，特别强调"工作时间，员工必须着工装上岗""在施工场地和生产现场，要规范穿戴劳保用品"，在行为规范的层面保证了员工的职业安全健康能够得到最大程度的落实。

对于安全生产，习近平总书记曾做过重要批示："人命关天，发展决不能以牺牲人的生命为代价。这必须作为一条不可逾越的红线。"[①] 职业健康与职业安全是相辅相成的，Y 企业从一开始创建就非常重视安全生产的问题，没有出现过重大安全责任事故。由于对人的重视，Y 企业在多年的发展中曾多次获得各种殊荣，如"全国'安全生产月'活动先进单位""全国企业文化建设先进单位""全国职业安全健康知识竞赛优秀组织奖""X 省安全生产优

---

① 《发展决不能以牺牲人的生命为代价》，http://opinion.people.com.cn/n/2013/0614/c1003-21833579.html》，2013 年 6 月 14 日。

秀单位"“全国和谐劳动关系模范单位"“全国企业文化优秀奖"
“冶金部安全生产先进单位"等。

调查发现，Y企业的领导在认识上尤其注意两个方面，一是以
人为本的生产导向，二是国有企业的示范导向。就前者而言，企
业的基本理念是，健康是一个人幸福生活的最基本条件，企业必
须把员工的安全健康放到重要位置，要尊重员工的生命。为此，
企业始终认为员工是企业的基本生产力量，只有员工的工作条件
好了，他们才能努力认真地工作，才能有好的生产效益；如果员
工在工作中的基本条件能够保证他们的身体健康，职工对企业的
认同度会很高，如果企业注重这些，他们能够有形无形地给企业
带来效益。就后者而言，作为国有企业，Y企业始终注意自己在社
会中起到的示范作用，承担着对职工的安全健康的责任，不论是
法律还是政策要求都严格执行。为此，Y企业按《中华人民共和
国职业病防治法》、《X省职业病防治条例》和《X省职业病防治
规划》专门制定了《关于Y企业职业病防治十二五规划的通知》，
从长远的角度要求所属单位按照"一岗双责"的规定，"把职业病
防治工作纳入安全生产目标管理考核体系，与安全生产工作同时
部署、同时推进、同时考核"[1]。为了使员工的职业健康权益得到
有效保障，Y企业不仅通过自己的相关职能部门和机构对员工的职
业健康进行有效管理，还外请各个分公司所在地的有资质的预防
医学机构对员工的职业健康状况进行检测，以得到更加可信的、
由第三方监测负责任的体检结果，更好地保障员工的职业健康
权益。

Y企业采取职业健康管理与职业安全管理同步进行的动态管理
方式，如果在安全检查过程中发现存在需要整改的隐患，就对相
应的部门提出整改要求并以整改方案为依据进行治理监督，力争

---

① 《关于印发Y企业职业病防治十二五规划的通知》。

从源头上防止职业健康疾病的发展与扩散，同时也对相应的工作人员进行彻底的职业病检查，查出来患有职业疾病的、需要休养的员工，公司都会安排其到休养院休养。这些年，随着生产工艺的进步以及相应防范措施到位，罹患职业疾病的人员比例明显下降。同时，由于Y企业对职业安全健康服务管理的宣传到位，近些年员工对职业健康疾病的认识也在提高，也从另一个方面促进了企业对职业病进行重点监控，以及制定整改措施。

值得注意的是，自改革开放引入市场经济以来，原有的"单位制"计划经济体制正被新兴市场与计划经济相结合的形式所替代，传统意义上的单位"工人"这种用工形式逐步演化为多种用工形式，这其中就包含了劳务派遣制用工，因而出现"劳务工"与"正式员工"之间"用工"与"用人"的区分。目前Y企业聘用的农民工都是以劳务工的方式参与Y企业的工作的，他们具有较大的流动性。由于劳务工的流动性较大，一些人上岗之前没轮到健康检查，但对于轮到检查且发现患有职业病的劳务工，Y企业都按照《中华人民共和国职业病防治法》的规定承担起相应的责任。

（二）职业安全健康管理机构健全

由于对职业安全健康管理的认识到位，Y企业的职业安全健康管理机构在不断发展中得以健全。从20世纪70年代开始，Y企业就建立了职业安全健康管理的相应机构。目前，随着国家对职业安全健康管理的重视，Y企业也加强了相关职能部门的建设，积极争取获得职业安全健康管理相关资质，对机构设置及管理人员的配置也做了相应的补充和完善。现在Y企业在原来的职业劳动研究所的基础上专门设置了具有法定资质的公共卫生科，负责职业安全健康的管理工作。Y企业安全监督管理部下设的这个公共卫生科目前具有三个一级资质功能，一是现场检测资质，二是职业健康体检，三是项目职业卫生评价，其主要的职能就是职业健康管理。在 Y 企业，相应的各项工作都能够按国家规定从各方面展开，包括公司机构的设置、人员的配备等。作为公司职业安全健康管理的安全监督管理部，除了对职业安全管理工作全力以赴外，每年都要督促下属企业进行职业安全健康管理，这主要涉及每年的职业健康体检、现场作业环境的检测，以及对职业卫生的培训。在现有的条件下，Y 企业尽可能提供相应的资金和人员编制等加以保障。

（三）职业安全制度规范符合国家规定

国家对职业健康的重视上升到法律层面的时间是 2002 年，2002 年《中华人民共和国职业病防治法》颁布以后，整个国家的职业病防治发展为一个体系，进而出台了一系列相关标准。在此之前，Y 企业就一直在做这方面的工作，走得比其他企业要早一些。20 世纪 70 年代末开始，Y 企业注意到了职业健康应该有一个基本的标准，到 80 年代就开始比较规范地开展职业健康管理工作。Y 企业在安全健康管理工作中通过不断健全和完善安全制度，保障了企业的良性发展。通过安全健康管理规范的建设，许多安全和健康隐患能够在预防中避免。

Y 企业现有的职业健康制度性文件主要包括职业健康总体安全方针、危险源及风险识别检测、健康安全管理、培训与考核、应急机制与事故处置预案五个方面[①]、25 项安全管理制度（详见表 3-1）。其中《Y 企业安全生产责任制度》涵盖了 Y 企业职业安全健康总方针，第一章总则中提到"本制度适用于公司所属各级部门/单位领导和全体职工"[②]，是对全体职工开展职业健康服务管理的制度，该制度分为纵向和横向责任制管理。纵向系统安全责任制管理分别涉及企业各级党政第一负责人，主管安全生产、

---

① 依据 Y 企业安全管理制度相关文件分类归纳。

② 据《Y 企业安全生产责任制度》第一章、总则第 2 条，2008 年。

工会组织、团组织、设备能源、工程、人事、劳资、教育培训、经营计划、物资供应、技术（总工程师）、生活后勤的相关领导，车间主任、安全生产副主任、设备副主任、专（兼）职安全员、工段、班组长、班组安全员以及职工。而横向安全责任制管理分别涉及公司安全生产委员会、安全生产监督管理部、各二级单位的安全管理部，以及各级生产、能源管理、技术、工程投资管理、建设工程指挥部、人事（劳资）、供应、保卫、财务、组织、宣传、工会、团组织、纪委、办公室、规划发展、后勤服务等管理部门。在危险源及风险识别检测方面，Y 企业《危险源（点）管理办法》中有明确的危险源（点）编码与标识要求，同时对安全隐患、机器设备也有详细的排查与检修规定。此外，针对企业日常职业健康服务管理，Y 企业有专门的安全生产费用、防护用品、特种设备、道路交通安全、高处作业、受限空间安全、临时用电安全及车间、班组安全等方面的管理办法。涉及职业健康培训与考核，Y 企业在《Y 企业安全教育培训管理办法》中明确了职业健康安全教育培训内容及职责分工，培训对象从企业主要负责人、安全生产管理员到生产岗位人员及特种作业人员，对上述人员分别规定了与岗位相对应的培训内容及相关要求。另外，针对伤亡事故、"三违行为"（指违章作业、违章指挥、违反劳动纪律）以及危险等级划分出不同考核标准。对于可能出现的突发安全事故，Y 企业考虑到自然灾害与人为灾害有差别，因此分别制定了不同的应急预案。在应急机制与事故处置预案方面，《Y 企业破坏性地震、重特大洪涝灾害、雷电灾害防御及应急预案汇编》中明确规定，当出现破坏性地震、重特大洪涝灾害、雷电灾害时成立救灾指挥部，进行危害分析与应急能力评估，建立灾害应急响应机制；开展灾后救济工作；在人为事故方面，职业安全健康事故应急救援预案、职工伤亡事故管理办法及重特大火灾事故处置预案明确了在风险预警、应急指挥、现场恢复、保障措施、奖励及责任追究等方面的职业安全健康应急预案及后续处理工作。

表 3 - 1　Y 企业职业安全健康管理制度

职业安全健康目标	职业安全健康管理制度
职业健康总体安全方针	《Y 企业安全生产责任制度》《Y 企业建设项目职业安全健康/环境保护"三同时"管理办法（试行）》《Y 企业职业卫生管理办法》《安全操作规程管理办法》
危险源及风险识别检测	《危险源（点）管理办法》《设备检修安全管理规定》《Y 企业安全生产事故隐患排查治理制度》《煤气和其他工业企业管道、设施检修安全管理办法》
健康安全管理	《XX 安全生产费用管理办法》《劳动防护用品管理办法（试行）》《Y 企业特种设备使用管理办法》《Y 企业道路交通安全管理办法（试行）》《外委工作安全管理规定（试行）》《安全会议制度管理规定》《高处作业安全管理规定》《受限空间安全管理规定》《临时用电安全管理规定》《车间、班组安全管理办法》
培训与考核	《Y 企业安全教育培训管理办法》《关于进一步加大伤亡事故考核力度的通知》《Y 企业"三违"行为考核管理办法（试行）》
应急机制与事故处置预案	《Y 企业职业安全健康事故应急救援预案》《Y 企业职工伤亡事故管理办法》《Y 企业重特大火灾事故处置预案》《Y 企业破坏性地震、重特大洪涝灾害、雷电灾害防御及应急预案汇编》

可以看出，Y 企业的职业健康服务管理在制度层面上比较完善，在职业健康总体安全方针、危险源及风险识别检测、健康安全管理、培训与考核、应急机制与事故处置预案五大方面有制度规范与作业文件，较为全面地涵盖了职业健康服务管理机制中有关预防、评估、防护、培训、教育、应急、治疗、考核及建档记录等领域，与国家相关法律法规的表述有很大的相似性。这表明 Y 企业的职业安全健康制度较为全面，也说明其高层管理者较为重视企业的职业健康服务管理。

通过访谈 Y 企业安全监督管理部门负责人及一个子公司董事长可以发现，尽管对于以农民工为新型用工形式的劳务派遣制员工没有明确的职业安全健康制度规定，但 Y 企业对于农民工职业安全健康服务管理还是较为重视的，尤其强调无论是对于正式员工还是对于作为劳务工的农民工都能做到"同工同防护"[1]，这说明在制度安排和具体工作方面，Y企业的工作还是比较到位的。

然而，看似很完善的制度体系仍然有其他方面的机制性缺陷，从调查中可以发现，在Y企业的职业安全健康管理中，企业更加重视的是职业安全方面的问题，而对职业健康方面的重视程度相对来讲就显得有些力度不够。例如，制度落实层面的规定较为模糊，对于实施力度、结果的监督、反馈方式与对象有待加强管理；另外，制度保障对象仅仅涉及实习、代培、参观、考察人员的健康安全管理。

二 企业内不同子公司的职业健康管理制度差异

企业的成立、运行与管理都要遵循其固有的行动目标系统，企业制度的设立与改变、变迁都符合自身的目的。作为一个大型国有企业集团，Y企业在职业安全健康管理方面有明确的认识、健全的机构、完善的制度等，但是由于是一个大型的企业集团，其子公司在执行相关的制度规定时还是具有较强的自主性的。在关于职业安全健康管理制度的执行方面，不同子公司受自身领导者的认识与才能、企业所拥有的资源以及企业与成员的各自目的的影响而制定的职业健康管理制度及其实践还是有差异的，其结果也随之而有不同表现。

（一）不同子公司在职业健康管理制度的执行上存在差异

在有"单位制"背景的国有企业推行职业健康管理制度存在政策盲区的问题，因为国有企业改革聘用劳务派遣制工人顶岗工作本身就涉及两类员工的管理权界定问题，但也体现出企业管理者打破思维范式进行制度与管理创新的魄力。从现有企业开展职

---

[1] 根据Y企业安全监督管理部负责人的访谈资料。

业健康管理服务的情况可以看出，A 子公司作为 Y 企业的分公司，硬件设施较 B 子公司有明显改善，在集团公司制定相同职业安全健康管理规章制度的背景下，两个子公司表现出了不同的运行结果。

通过表 3 - 2 可知，职业健康管理制度包含的五方面内容：预防职业危害的规章、安全应急措施、良好的卫生条件、安全操作的文字指导以及职业病防护公告栏，A 子公司的表现均好于 B 子公司。C 子公司与 B 子公司同样属于较早创立的企业，虽地理位置不及 B 子公司更靠近总部，但在实施职业健康服务管理方面明显给予更多投入、更加重视。在访谈中能发现，C 子公司的大部分员工较为认同企业制度规定与企业文化，说明企业能够从成员的角度制定企业策略与规范，因此在三家企业中 C 子公司各项制度指标领先也不足为奇。

表 3 - 2　不同子公司的职业健康管理制度执行差异比较

单位：%

调查单位	预防职业危害的规章	安全应急措施	良好的卫生条件	安全操作的文字指导	职业病防护公告栏
A 子公司	9.5	12.1	13.2	16.3	9.7
B 子公司	7.6	9.1	7.4	10.1	5.3
C 子公司	57.6	60.5	46.9	60.3	61.3

（二）不同子公司的职业健康管理情况与效果存在差别

企业成员的职业健康程度和企业对其职业健康的重视程度密切相关，如果企业意识到职业健康的重要性，那么在管理过程中这一重要性首先体现在企业的管理制度层面，这其中包括制度安排、职业健康培训机会是否均等，作为回报，企业成员也会以较高的企业认同度来回应企业对其职业健康所做的努力。在对 Y 企业下属的三个子公司进行调研和分析中发现，不同子公司之间由于重视程度、管理理念、领导思路、工作侧重点、经济效益等不一样，对农民工提供的职业安全健康教育培训、条件供给、保障条件和保障力度等存在较大的差异。

通过表 3-3 三家子公司职业健康服务管理情况①的比较中不难看出，C 子公司职业健康服务管理情况均值明显高于 A 和 B 子公司，说明 C 子公司对于职业健康管理制度的落实过程较为顺利，一方面说明 C 子公司针对职业健康管理的制度性设计和执行较为完善，能够较好地平衡企业与员工的需求，企业管理层对职业健康管理理念较为认同并重视，C 厂董事长提到的类似经营理念也印证了这一点。

> 作为国企，本身我们国企就起到一个示例的作用，（这种示例作用）体现在对职工的安全健康管理，不管是谁，他的健康都作为一个幸福生活最基本的条件（而存在）。

C 厂董事长还提道：

> （职业病）一般不会有，职业上造成的一般不会。因为每年都检查，检查得相当细。检查完了之后如果有什么问题，如果这里不能解决的，那他马上就去总部检查，总部检查还不行的话，就到更高一些的医院去检查。（公司）对工人的关心还是挺好的。国有企业嘛就是这个样子，哪个人都不能开这个玩笑。②

---

① 企业职业健康管理情况由问卷中的职检频率、职业健康规章、应急措施、新技术培训、明文规定、定期检查防护措施、降低危害的设备、有职业健康的文字指导、专业的安全健康指导、提供职业防护的工具、考虑到生产安全而淘汰旧技术、设置公告栏、有健康档案、定期更新健康信息等变量加总得分而成，其中上述各变量原答案为"是"的选项赋值 1 分，"否"和"不知道"选项均为 0 分。

② 根据 C 分厂某工段正式工人的访谈资料整理而成。

两年一次（体检），厂里规定的，前段时间刚体检过。①

这说明 C 子公司的制度执行较为通畅，员工能够自觉或半自觉地服从企业的管理制度和规范，因而其制度实施结果较为理想，这样一来，在安全健康培训机会、员工的企业认同度方面均值相较其他两个子公司更高也不足为奇。概言之，从三家企业的职业健康管理情况对比分析中可以发现，不同的子公司在企业职业健康制度实施情况、培训机会、知识题得分、企业认同度等方面均有显著差异（见表 3 - 3，表中各变量的显著性均小于 0.01），鉴于三家企业背景介绍中都提及人员构成分为正式员工和劳务工，在这样一个"单位制"国有企业人事改革的背景下，C 企业仍能够对企业员工较好地实行职业健康管理，说明企业能够打破原有国有企业思维的禁锢，将各类员工一视同仁，平等对待。但是，即使 C 企业较好地实行了职业健康管理制度，也并不能说这是企业管理体制的创新，因为这也是国家政策、法规等规制性要素的应然要求，A 子公司与 B 子公司则没有遵守或只是部分遵守国家劳动法、职业病防治法、工伤管理条例等法条关于劳动者职业健康权益保障的相关规定。

表 3 - 3　不同子公司的职业健康服务管理情况与效果均值比较

单位：%

调查地点		企业职业健康制度实施情况	培训机会	知识题得分	企业认同度
A 子公司	均值	7.35	0.59	4.79	71.98
	标准差	3.107	0.848	1.039	20.806
B 子公司	均值	7.51	0.31	5.58	80.58
	标准差	3.158	0.705	0.682	17.429

---

① 根据 C 分厂某工段劳务派遣制工人的访谈资料整理而成。

续表

调查地点		企业职业健康制度实施情况	培训机会	知识题得分	企业认同度
C 子公司	均值	13.08	1.41	5.05	86.45
	标准差	2.568	1.034	1.209	23.507
总计	均值	11.12	1.10	5.07	82.63
	标准差	3.862	1.058	1.140	22.969
	F 值	228.166	54.232	10.154	17.264
	显著性	0.000	0.000	0.000	0.000

三 企业在农民工职业健康服务管理方面的差异

农民工进入 Y 企业都是通过劳务派遣公司实现的。在《中华人民共和国职业病防治法》第 6 条中，用人单位负责"本单位"成员的职业病防治，而作为劳务派遣制的农民工工人的人事档案关系都隶属于劳务派遣公司，不属于所在工作单位，因而有必要分析这种体制性因素对企业员工职业健康产生什么样的影响。鉴于中国特有的制度背景和 Y 企业的实际情况，且由于职业安全问题比起职业健康问题显得更为紧迫和突出，Y 企业对前者的重视程度明显高于后者。也正是因为存在这样的重视程度差别，农民工获得的职业健康管理在 Y 企业也确实与正式员工有差别。调查资料表明，在 Y 企业中劳务工与正式员工二者所体验与接受到的来自企业的职业健康服务管理存在显著的差异。

（一）对于企业职业健康制度的认知差异

企业制度作为企业日常运行的规范性工具，首先需要通过一定的方式，例如培训、开会、文字图片形式的宣传，使企业成员对企业运行规范制度有相应的认识，使其在本企业工作过程中树立规范意识，自觉遵守规范并接受相应的奖励或惩罚。此次调查问卷从"预防职业病规章""公告栏""安全应急措施""工作安全操作规范""专业卫生人员""职业病防护措施"等方面设置相应题项，以便统计不同用工形式的员工对企业职业健康相关制度规则的知晓度与认知率。从表3-4中可以明显看出，在各职业健康制度的认知度上，劳务工与正式员工总体上差异较大，特别是对预防职业病规章、公告栏、安全应急措施、职业病防护措施等职业病预防基础性知识的认知率，劳务工都呈现出明显的弱势。这类题项在逻辑上属于"或"命题，即一真则真，同样的规范规则在各类人群中有较高的认知度，说明企业具备相关制度规定，但是由于传导机制、个体因素的影响，认知结果出现较大偏差，究其原因，一方面与企业的宣传力度不够，管理者对职业健康的认知、重视程度相对较低有一定关联；另一方面，与劳务工自身的认知积极性与认知能力［例如受教育水平，此次调查数据显示，劳务工大专（不含）以下人员比例为79%，正式员工大专（不含）以下人员比例为37.9%］有一定关联。工作安全操作规则的知晓率二者普遍较高且差距较小，说明Y企业对于安全生产、安全操作较为重视，且宣传、培训力度较大，因而员工认知程度较高，但是工作安全仅是职业健康的一部分，除了工作安全外还有一些隐性或长期致病因素的危害需加以防范。最后，不论是正式员工还是劳务工，不论二者有什么样的学历差异、制度政策差异，他们都明显意识到了工作过程中存在威胁身体健康的因素，这也充分说明了职业健康是企业员工认识的基本生存需求之一。

表 3-4　不同用工形式的职业健康制度认知度

单位：%

用工形式	预防职业病规章知晓率	公告栏知晓率	安全应急措施知晓率	工作对身体有危害	工作安全操作规则	职业病防护措施
劳务工	58.4	56.7	66.1	91	79.8	40.3
正式员工	85	89.6	91.9	83.8	88.8	74.2

（二）前期职业健康预防机制的差异分析

职业健康防护首先在于前期职业安全健康致病因素的防范与检查，及时发现一些隐性的、长期性的安全隐患和职业健康疾病，以及开展有助于安全防范与职业健康疾病后期治疗的活动。本次调查从四个方面考察企业安全生产与职业病防护的相关制度措施，分别是职业健康培训、健康体检、员工能否参与应急方案的制定以及引进新技术、新设备的培训。

数据资料显示（见表3－5），正式员工参与职业健康培训和健康体检的机会明显多于劳务工，这两项措施的执行度较高，基本是由企业主导的，员工对这些措施一般是照章行事，因而这样的结果可以说明企业管理者或企业政策的制定者在提供职业健康培训和职工体检时采取的措施不够完善，导致同一子公司的职工在健康培训与体检方面得到的待遇不尽相同。据我们的调查，因为正式员工各项相关的工作资料都是健全的，在岗的稳定性较高，因此各种制度性的安排能够及时地传达到员工个人，在职业安全健康服务管理方面的相应要求也自然而然地能够得到具体的落实。反之，劳务工的人力资源管理方面的所属关系在劳务公司，在企业只是劳动人力投入，这样势必造成劳务公司在安全健康管理方面需要与用工企业有更多的沟通与衔接，而劳务工是以集体用工的方式进入企业的，用工企业很难具体地一对一地对劳务工进行实质性的职业安全健康管理，同时，劳务工尤其是短期工作的农民工流动性较强，用工企业更是无法在管理上落实到具体的个人。我们在调查中发现，这个问题在 Y 企业的不同分公司中还是较突出的。但是，在新技术的培训方面，二者均有较高的参与度，这说明企业对新技术的推广力度较大。另外，我国《工伤保险条例》规定，我国境内的各种企业和个体工商户应当依照条例规定参加工伤保险，为本单位全部职工或者雇工缴纳工伤保险费。[1] X 省农民工处负责人表示，"真正的农民工签了合同（为其）买了保险的，粗略估计有百分之七八十，可是全省的七百多万农民工正式交了保险的只有八十多万，差不多只有 10%。"[2] 这说明 X 省的劳务工工伤保险推进工作形势较为严峻。尽管此次研究调查所获数据显示劳务工的工伤保险购买情况差强人意，然而通过访谈发现，大多数管理者、正式员工、劳务工都提到类似"买了工伤保险，不晓得是劳务公司还是公司买的""好像有工伤保险吧""五险都买了""我们公司正式员工和劳务工的管理上都是一样的，仅仅不同的是，劳务工合同不跟我们签订，是跟劳务公司签订……我们这里是负责五险"的说法，对此，一种合理的解释是，企业为各种用工形式的员工都购买了相关的社会保险，尤其是工伤保险，但由于缺乏足够的宣传和培训，许多员工对自己的社会保险购买情况没有正确的认知，故而问卷填答与访谈的结果不一致。然而，在规则的制定方面，企业实行的仍然是自上而下的运行方式，员工能够参与应急防护措施等制度制定的机会或提出意见建议的机会少，上下信息不对称，不利于企业形成全面且符合实际的安全防护应急机制，应该说这是未来需要进一步完善的工作。

表 3-5　不同用工形式的前期预防机制差异

单位：%

用工形式	职业健康培训机会	健康体检机会	参与应急措施制定	新技术培训	购买工伤和医疗保险
劳务工	50.6	51.1	18.9	65.7	27.3
正式员工	81.2	95.8	46.5	82.3	57.5

（三）工作过程中健康防护机制的比较分析

按照《中华人民共和国职业病防治法》第 4 条之规定："用人单位应当为劳动者创造符合国家职业卫生标准和卫生要求的工作

---

[1]　《工伤保险条例》第 2 条，2011 年。
[2]　据 X 省农民工管理处相关负责人访谈资料整理。

环境和条件，并采取措施保障劳动者获得职业卫生保护。"① 要求用人单位为劳动者提供良好的工作环境，但从表3-6中可以看出两类员工都对自己所处的工作环境持较低的满意度，企业在员工工作环境的管理制度与实施层面仍有需改进之处；同时，劳务工与正式员工在发放免费防护用品、发放安全健康防护津贴、定期检查防护设备等方面有着明显不同的认知。究其原因是企业虽然制定了相关制度措施，但在实际操作中由于诸多原因没有办法完全实施到位。同时，从表3-6中可以看出员工对专业卫生人员指导方面的认知度皆较低，按照"全假则假"的"或"命题逻辑，这可以说明企业在配备专业医护指导人员的管理上有欠缺，无法满足员工日常工作劳动中健康指导方面的需求。实际访谈中这个问题也在相关的部门得到确认，在访谈过程中我们了解到，Y企业的一个下属分公司成立了安全环保部门，整个部门仅有7个人，而该企业全部员工近3000人，安全监管人员明显配备不足。此外，企业虽然有专门监管部门和专职安全员，却都身兼数职，负责企业的节能减排、安全、职业健康、环境等方面的工作，无法真正履行指导、监督和检查的职责。同时，企业缺乏职业卫生人员来为员工提供职业卫生指导，相比正式员工，农民工获得此类指导的机会则更少。访谈中也了解到个别下属企业没有设置医务室，员工如发生健康安全意外就通过电话联系的方式从外面找医护人员，情况严重的直接送医院。

表3-6 不同用工形式的防护机制比较

单位：%

用工形式	提供整洁工作环境	发放免费防护用品	发放安全健康防护津贴	定期检查防护设备	专业卫生人员指导
劳务工	53.7	48.9	20.2	59.7	18.5
正式员工	67.7	85.0	58.8	80.4	38.8

① 《中华人民共和国职业病防治法》第4条，2011年。

（四）职业安全健康制度的后期管理分析

制度的运行需要从一而终贯穿于企业发展的全过程，职业健康制度应体现企业提供连贯性职业健康服务而采取的延续性措施。此次资料收集将这种延续性措施分为工作中是否出现工伤、出现工伤是否向上级反映、出现职业病后能否得到疗养机会、是否有自己的职业健康档案、是否及时更新这些档案信息以及员工自身对企业实施健康管理服务的态度等变量来衡量制度的延续性（见表3-7）。从工伤情况来看，一半左右的企业员工在工作过程中受过各种程度的伤害，并且员工们大多没有向上级反映自己的健康状况，这种现象一方面与制度不健全有关，缺乏信息反馈的机制或方式途径使得企业员工没有反映健康问题的渠道；另一方面，员工自身并不认为有必要将自己的健康状况向上反映，或者并没有意识到要将自己的健康状况反映给上级。

表 3-7 不同用工形式的后期健康管理

单位：%

用工形式	工作中有过工伤	向上级反映健康状况	出现职业病后得到疗养机会	有职业健康档案	定期更新职业健康信息	需要职业健康服务管理
劳务工	46.4	17.6	9.4	32.2	17.2	91.0
正式员工	47.7	45.0	33.8	71.5	40.0	94.2

企业给予员工的疗养机会均较少的结果也可能是两方面的因素导致的，一是企业的健康管理制度本身缺乏对职工疗养机会的考虑；二是由于工伤事故较少，绝大部分员工仍未遭受来自工作过程中的威胁或伤害，他们并不关注企业所给予的职业病疗养机会。在职业健康档案方面，因牵扯到员工的人事档案关系，劳务工的人事关系属于劳务派遣公司，其健康档案的建档率明显低于正式员工。这从一个侧面也反映了在制度适用范围、服务管理范围上企业对于劳务工和正式员工有着明显的不同。但是，即使已

建立了职业健康档案，相关信息的更新情况也不容乐观，劳务工与正式员工的健康档案皆没有做到及时的更新，所以无法实现对员工健康的记录追踪与痕迹管理，健康档案设立的效果也会大打折扣。最后，劳务工与正式员工都表现出对职业健康的迫切需求，绝大多数员工都希望企业提供符合职业健康管理制度要求的服务。

四　农民工对企业的组织认同特点

成员的组织认同对于一个组织的生存与发展是至关重要的，企业只有具有大量组织认同度高的员工才能有未来的发展。尽管农民工并非正式员工，但其组织认同对于企业的生存与发展也是企业必须考虑的。从对 Y 企业的体制内外两类组织成员的组织认同心理和组织认同行为的描述与比较，可以发现农民工的组织认同度相对较低。

（一）农民工组织认同度低于正式员工

调查数据显示，Y 企业员工的组织认同度是比较高的，无论是体制内的正式员工还是体制外的农民工组织认同的各项均值指标都处于中等偏上水平，其中对归属性组织认同心理和组织事务的热心行为表现出较强的认同感，其均值达到理想值的 2/3 以上。但通过具体比较可发现，农民工组织认同心理和认同行为各项指标均值都略低于正式员工。除了对组织事务尽心行为不存在显著的差异外，在其他四项——利益性组织认同、成功性组织认同、归属性组织认同和对组织事务热心行为方面，两类组织成员都出现了较显著的差异。总体来看，农民工群体组织认同的总体水平要低于正式员工（见表 3 - 8）。

表3-8　组织认同心理和组织认同行为均值比较

单位：%

成员类型	统计值	组织认同心理			组织认同行为	
		利益性	成功性	归属性	热心	尽心
	均值	17.64	16.96	17.72	37.40	26.35
正式员工	标准均值	50.40	56.53	70.88	74.80	58.56
	标准差	6.230	5.025	4.211	7.316	5.265
	样本总和	219	217	216	218	214
	均值	21.80	19.01	19.33	39.42	27.34
农民工	标准均值	62.29	63.37	77.32	78.84	60.76
	标准差	6.789	5.669	4.076	7.268	5.356
	样本总和	240	241	239	234	234
	均值	19.82	18.06	18.57	38.48	26.89
总体	标准均值	56.63	60.20	74.28	76.96	59.76
	标准差	6.870	5.462	4.233	7.391	5.312
	样本总和	464	463	460	456	453
显著性水平		.000	.000	.000	.003	.048
F 值		3.848	3.998	.862	.501	.001

（二）体制原因导致农民工的组织认同度明显偏低

为具体分析影响两类组织成员的组织认同心理和认同行为，这次调查重点选取了个人收入、受教育程度、工作部门和组织地位四个指标进行考察。通过考察这四个方面对农民工组织认同度的影响可以发现，只有个人收入对组织认同心理具有显著影响（$p = 0.000$）。可见，收入状况已经成为影响农民工对组织认同高低的重要因素。同时，在农民工当中，受教育程度和工作部门与组织认同心理呈现了负相关关系，反映出学历越高和工作部门相对清闲的农民工群体，组织认同度越低（见表3-9）。可见，在农民工群体中，有许多技术能力很强的成员并没有得到重用，这种反差造成的失落感是组织认同度低的重要因素。

对体制内外成员组织认同度的影响因素的考察表明（见表3-9），个人收入、受教育程度和组织地位都与组织认同度显著相关。这种相关性在农民工群体中表现得尤其明显，特别是在个人收入与组织认同度的关系上。从表3-9和表3-10可以看出，工作部门的劳累程度并不会影响成员的组织认同，而个人收入是影响组织认同的重要因素。从分析出的数据结果来看，员工对自身的收入情况并不是很满意，尤其是农民工群体，他们拿着与劳动量不成正比的工资，使他们的组织认同度远低于正式员工。

表3-9　影响组织认同度的各因素相关性分析

成员类型	统计值	个人收入	受教育程度	工作部门	组织地位
农民工	相关系数	.395**	-.148*	-.046	.066
	显著性	.000	.034	.510	.347
	样本总和	195	204	204	204
正式员工	相关系数	.118	.111	.092	.113
	显著性	.088	.094	.164	.088
	样本总和	211	228	228	228
总体	相关系数	.354**	.087	.043	.148**
	显著性	.000	.070	.370	.002
	样本总和	412	437	437	437

注：** 在 0.01 的水平（双侧）上显著相关，* 在 0.05 的水平（双侧）上显著相关，后同。

表3-10　影响组织认同行为的各因素相关性分析

成员类型	统计值	个人收入	受教育程度	工作部门	组织地位
农民工	相关系数	.218**	.041	-.123	.108
	显著性	.002	.553	.074	.117
	样本总和	202	211	211	211
正式员工	相关系数	-.001	.177**	-.015	.159*
	显著性	.987	.007	.818	.015
	样本总和	216	231	231	231

续表

成员类型	统计值	个人收入	受教育程度	工作部门	组织地位
总体	相关系数	.184**	.149**	-.060	.151**
	显著性	.000	.002	.205	.001
	样本总和	423	446	446	446

关于组织成员的组织认同心理与组织认同行为的相关关系，从表3-11来看，组织认同心理与组织认同行为二者有高度的相关性。两类组织成员的组织认同心理和组织认同行为的显著性水平均为0.000，其中正式员工的相关系数较高，已达到了0.664。由此可证明，成员对组织心理上的认同是可以转化为行为上的认同的，而行为上的认同才是组织认同的最终结果，对组织的前途与发展至关重要。

表3-11　组织认同心理与组织认同行为的相关关系

	成员类别与特点		组织认同心理
组织认同行为	农民工	相关系数	.488**
		显著性	.000
		样本总和	194
	正式员工	相关系数	.664**
		显著性	.000
		样本总和	217
	总和	相关系数	.598**
		显著性	.000
		样本总和	415

对组织认同行为进行更进一步的具体分析，如表3-12和表3-13显示，除了农民工利益性认同心理对尽心行为无明显影响以外，组织的热心行为与尽心行为都与成员的组织认同心理有显著的相关关系，且显著性水平均为0.000。其中，建立在组织成员情感相互交流和良好的人际关系基础上的归属性认同与组织认同

行为的相关性最强，相关系数达到了 0.730。而建立在生存所依赖的物质基础方面的利益性认同与组织认同行为的相关性是最小的。由此可以得出，组织成员对组织认同的程度受到利益驱使的影响是很小的，而情感的相互交流和良好的人际关系才是最为重要的。由于组织对待体制内外成员存在差异，农民工的群体组织认同度明显低于正式员工。

表 3 - 12　组织认同心理与组织认同热心行为的相关关系

成员类型	统计值	利益性认同	成功性认同	归属性认同
农民工	相关系数	.403**	.477**	.615**
	显著性	.000	.000	.000
	样本总和	210	209	211
正式员工	相关系数	.567**	.611**	.821**
	显著性	.000	.000	.000
	样本总和	226	229	227
总体	相关系数	.497**	.562**	.730**
	显著性	.000	.000	.000
	样本总和	440	442	442

表 3 - 13　组织认同心理与组织认同尽心行为的相关关系

成员类型	统计值	利益性认同	成功性认同	归属性认同
农民工	相关系数	.198**	.277**	.270**
	显著性	.004	.000	.000
	样本总和	207	206	208
正式员工	相关系数	.244**	.265**	.328**
	显著性	.000	.000	.000
	样本总和	227	230	227
总体	相关系数	.238**	.280**	.307**
	显著性	.000	.000	.000
	样本总和	438	440	439

五 企业在农民工职业安全健康服务管理中存在的问题

调查表明，由于客观和主观方面的原因，企业在实施职业健康服务方面存在管理水平不高的问题，生产一线工人，尤其是外来务工群体中的农民工遭受的职业健康威胁较大，并且由于相应保障制度及措施不完善，其发生安全生产事故和罹患职业病的风险进一步增加。在农民工职业安全健康服务管理方面，Y 企业一样存在需要改进和完善的方面。

（一）企业制度层面的职业健康服务管理

企业制度的实施，其过程受到不同因素的影响，其效果也会受到一定影响。就现有企业实施职业健康管理的实际情况而言，Y 企业主要存在制度实施难题。一方面由于规范性制度与企业运行的需求不匹配，企业虽然有较为完善的职业健康制度，但在制度落实环节出现问题而无法满足员工对于工作职业健康的需求，例如企业为员工提供的劳动防护用品质量不能令人满意。从劳动防护用品行业来看，国家安全生产监督管理总局的数据显示，2013年 4～9 月特种劳动防护用品安全标志管理中心对呼吸类劳动防护用品生产企业进行了专项抽查，抽检的 67 家生产企业中，符合国家和行业有关标准的比例为 88.1%①，劳动防护用品质量状况不容乐观。同时，从企业实际来说，中国作为发展中国家在职业健康方面做得确实不能和国外发达国家相比，企业职业健康管理理念及相应的制度性安排与员工的基本健康需求仍有一定的差距。另一方面，即便企业有较完善的职业健康管理制度，但若缺乏有效

---

① 《国家安全监管总局办公厅关于呼吸类特种劳动防护用品生产企业抽查情况的通报》，http://www.chinasafety.gov.cn/newpage/Contents/Channel_4284/2013/1023/222382/content_222382.htm，2013 年 11 月 14 日。

的宣传和培训，制度实施的效果也是不尽如人意的。在实践中，一些企业采取了诸多职业健康方面的管理手段，但一些工人，尤其是农民工在工作中不按规程操作的行为屡禁不止。可以说，制度的贯彻落实不仅需要制度内容，还需要管理者与管理对象的共同重视并参与实施。

（二）体制原因导致农民工安全健康保障和福利待遇较差

老工业生产企业，相较新成立的企业，其经营理念、生产方式受当前经济形势和社会背景的影响较大，其固有的硬件设施的更新、运行体制和机制的完善更具有紧迫性和迫切性。特别是在原"单位制"的传统国有企业观念的影响下，各项工作任务为"计划"性质的按需分配，福利待遇和社会保障措施也基本是国家统一调配，企业无须为此有过多考虑和制度性安排。然而，自改革开放以来，市场经济逐渐打破了这种保障，经营效益受到市场的冲击，企业管理模式、理念、制度规范、工作条例等都需要与时俱进做出相应调整。同时，企业的发展离不开员工的参与，与原来传统的工人录用制度不同，为弥补正式员工数量的不足，采取聘用劳务派遣制用工的形式可以解决人员短缺的问题，但庞大的用工数量带来了很多的管理难题。进一步说，两种用工形式的福利待遇、社会保障也成为企业，特别是起步较早的国有生产企业人事制度方面的新难题。调查资料显示，有的子公司在岗劳务工数量远远超过正式员工数量，且合同签订率仅有 76.9%，而按照《中华人民共和国劳动合同法》的相关规定，用人单位自用工之日起即与劳动者建立劳动关系①，说明该工厂在人事任用制度上还有许多疏漏，同时也表明国家相关监督检查机关对于企业落实相关法律的检查力度不够。目前，《中华人民共和国职业病防治法》第 6 条规定"用人单位的主要负责人对本单位的职业病防治

---

① 《中华人民共和国劳动合同法》第二章第 7 条，2013 年。

工作全面负责。"① 这一规定缺乏对职业病防治对象的有效界定，"本单位"的员工原则上都应该属于"本单位"，但是，劳务派遣制工人的负责单位变成了劳务派遣公司，而非现工作单位，这样一来，劳务工便成了监管盲区群体。此外，通过对由劳务派遣制工人转为正式员工的这些人群的访谈可以发现，即便是国有企业也存在劳务工与正式员工同工不同酬现象，这一点在 2013 年 7 月 1 日新劳动合同法生效之前一直是相关法律表述的空白。关于劳务工的职业健康服务管理正式的法律表述，《中华人民共和国职业病防治法》在 2011 年 12 月 31 日修订后新增了第 88 条第 2 款 "劳务派遣用工单位应当履行本法规定的用人单位的义务"②，将劳务工也纳入职业健康防治的行列。但此次调查发现劳务派遣制工人的职业健康服务基本由用人单位负责，劳务派遣公司对于《中华人民共和国职业病防治法》要求为派遣人员提供职业健康服务存在实施缺漏，当然这其中也存在法律层面的职业健康服务保护对象交叉管理的问题。

职业安全健康管理这一看似不能给企业带来直接经济效益的制度，不断考验着企业领导者的前瞻性与洞察力，因为企业成员的职业健康与安全将会以不同形式影响企业的经济效益。一方面，做好企业成员的职业健康预防与防护，可在一定程度上减少工伤事故的发生和相关行政执法部门的处罚；另一方面，能够让企业成员感受到企业管理层对员工个体的重视，在保障企业成员拥有健康体魄的同时，使其更加尽心尽力地投入工作。在具体实施中，如果领导重视，企业相关职业健康服务就会较为完善。

从访谈资料可以看出，有的子公司至少在制度层面有关于职业健康的定期检查机制。然而，这种机制的实施结果不尽如人意，说到底是缺乏对企业所提供的职业健康服务的监督机制，如果制

---

① 《中华人民共和国职业病防治法》第 6 条，2011 年。

② 《中华人民共和国职业病防治法》第 88 条第 2 款，2011 年。

度实施过程与结果不受控，容易出现"走过场"等不负责任的"充数"行为，这在一定程度上也是企业乃至相关行业发展的缩影。从企业大环境来说，作业强度具有先天的差异，例如重工业与轻工业相比有着明显的作业环境劣势，因而企业只能通过改进工艺、更新设备以及加强管理来做好职业病与职业危害防护，这是其面临的先天产业环境难题。而职业健康的直接受益者——企业成员，也有其自身的认知与行动逻辑。一方面，员工个体没有意识到职业健康的后果及重要性，访谈发现，一部分企业员工对自己的职业健康没有正确的认识；另一方面，员工个体也有自身的理性行动逻辑，他们会考虑到家庭、医疗、康复等一系列因素而出现不配合企业的职业健康服务管理的行为。他们不愿意去检查的一个重要原因是害怕在检查后真的查出有什么大病而难以承受。

（三）企业的健康安全保障力度薄弱，健康防护不到位

冶炼企业作业环境复杂，存在较多危险因素，必需的安全防护和应急救援用品、设施的配备能减少用工风险。调查中涉及的企业在应急救援用品和设备配备方面存在部分储备不足的问题。在访谈过程中，有员工指出，企业配备的应急救援设施、急救用品数量有限，有些是通过每个部门的负责人进行抓阄得到的，同时企业的健康防护也做得不尽如人意。

安全生产监管人员和职业卫生指导人员配备不足。安全管理是企业保证安全生产的重要方式，一般情况下，企业的安全管理工作由安全员负责。安全员对安全生产法规的贯彻和检查、处理隐患、制止"三违"，并把隐患和问题消灭在萌芽状态等负有重大职责。因此，安全员的配备和工作对于企业的安全生产发挥着重要作用。《国家安全监管总局关于冶金有色建材机械轻工纺织烟草商贸等行业企业贯彻落实国务院〈通知〉的指导意见》明确提出："从业人员超过300人的企业，要设置安全生产管理机构，并按照冶金、有色、建材企业不少于从业人员3‰、其他企业不少于2‰

的比例配备专职安全生产管理人员。"[1] 而调查发现，Y 企业实际工作中存在安全监管人员明显配备不足的问题。此外，企业虽然有专门的监管部门和专职安全员，却都身兼数职，负责企业的节能减排、安全、职业健康、环境等方面的工作，无法真正履行指导、监督和检查的职责。同时，企业缺乏专业职业卫生人员来为员工提供职业卫生指导，相比正式员工，农民工获得此类指导的机会则更少。

（四）农民工处于低报酬、高职业安全健康危害的工作境况中

与正式员工相比，农民工在工作中普遍存在劳动时间长、劳动强度大、工作环境差等问题。这些因素是造成过度疲劳的直接诱因，而工伤事故的高发则是过度疲劳的直接结果。这一情况应该引起企业的高度重视，并将其作为未来安全管理工作的重点进行整治。

进城务工的农民工一般是青壮年，承载着养家糊口、改善生活的巨大经济压力，其劳动收入往往是整个家庭的主要经济来源。目前，我国的劳动力市场存在城乡、工农二元结构矛盾，劳动者素质差别大，劳动力异质性程度较高，农民工获得的劳动报酬与所付出的劳动时间及劳动强度不成正例，缺乏足够的劳动与安全保障；与城市居民或正式员工相比，同工不同酬，同工不同权。在农民工看来，由经济问题带来的生活不安全感远超过由职业危害产生的不安全感。[2] 这也使得企业丧失了加强安全保障力度、加大安全投入水平的动力。综合以上各方面因素，农民工职业安全健康权益保障陷入了低工资报酬－低安全保障水平－高职业安全健康危害的连锁反应。

---

① 《国家安全监管总局关于冶金有色建材机械轻工纺织烟草商贸等行业企业贯彻落实国务院〈通知〉的指导意见》，2010 年 10 月 11 日。

② 朱琳、刘素霞、张赞赞：《影响农民工职业安全健康需求的自身因素分析》，《中国安全生产科学技术》2011 年第 4 期。

（五）企业对农民工职业安全健康离岗监护的重视程度不够

受所从事的行业和工种的影响，流动性职业群体暴露在有毒有害危险环境的比例较高，职业病和安全生产事故发生频率也较高，他们是我国职业安全健康监护的重点和难点。一方面，农民工在岗前和劳动过程中接受职业健康检查比率低于正式员工；另一方面，农民工本身受教育程度不高，缺乏基本的健康知识和自我安全保护意识、能力。而职业病从发生和发展的过程来看具有"潜伏性"和"隐匿性"的特点，因此离岗监护有利于用人单位和监管部门跟踪和观察职业病的发生、发展情况，识别和评价劳动过程中的有毒、有害、致病因素及危害程度，从而及时给予预防和干预。用工制度的二元性导致企业对农民工和正式员工健康安全监护实行双重标准，大多数的农民工没有获得职业病康复疗养机会，也"没有"职业健康档案或"不知道"自己有没有职业健康档案。

从国家层面来说，用人单位为劳动者提供的职业健康检查服务总体情况不尽如人意，卫生部的统计数据显示，"2008 年，用人单位开展劳动者上岗前、在岗期间、离岗时和应急职业健康检查率分别为 56.72%、56.66%、30.57%、48.57%，职业健康监护档案建档率仅为 59.64%"[①]。而现有企业实际运行情况也与上述数据相呼应。企业员工认为企业的职业健康服务管理虽然有制度但不尽完善，从他们自身经历来看，企业没有职业健康档案、存在差异化的体检服务以及缺少对员工在工作过程中可能存在的一些威胁健康的因素进行防范和有效监控与督察的措施。Y 企业按照相应的制度设立了职业健康档案制度，同时在 Y 企业《职业卫生管理办法》中第 27 条也写明了"用人单位应当为劳动者建立职业健

---

① 《卫生部办公厅关于 2008 年全国职业卫生监督管理工作情况的通报》，http://www.moh.gov.cn/mohbgt/s9511/200905/40893.shtml，2013 年 12 月 14 日。

康监护档案","职工离开 Y 企业时,本人有权索取职业健康监护档案复印件",这表明 Y 企业从管理制度层面明确为企业员工设立职业健康档案。Y 企业针对员工流动性较大的管理难题,采取了对在岗一年以上的员工进行体检与建档的管理方式①,但一些农民工到单位一两个月还没有达到单位的体检年限要求就离开了,这使得部分农民工出现了无法建档的问题。应该说,这一方面对 Y 企业来讲是难以切实做到的,但确实是制度实施过程中存在的疏漏,对此 Y 企业安监部负责人承认职业健康档案管理存在不尽如人意之处:"但是这个档案可能不是很详细,这个档案还有很多配套的其他的,比如体检资料啊,检测资料啊,就是这些就没有完全包含"②;另一方面,可能是企业对职业健康服务管理相关制度缺乏有效宣传,导致员工没有形成相关的认知。

---

① 根据 Y 企业安全监督管理部负责人的访谈资料。
② 根据 Y 企业安全监督管理部负责人的访谈资料。

| 第四章 |

职业安全健康服务管理的政府
监管现状及问题

随着我国社会主义市场经济体制的完善和人们生活水平及质量的提高，职业安全健康服务已经成为国家经济发展和社会进步总体布局的重要组成部分。不论是中央还是地方政府都越来越重视职业安全健康服务管理的监管工作。从制度规范到具体实施的各个环节都不难看出，政府对职业安全健康监管工作的意识在不断增强，监管的水平也得到了提高。首先，从制度环境来看，职业安全健康标准体系框架已基本形成，监管工作正朝着法治化的方向不断迈进；其次，从地方政府的管理和服务实践来看，机构转换及监管职能工作正得到有效落实，在对用人单位的责任监管以及自身防治能力建设和宣传教育方面都取得了初步成效。然而，职业安全健康服务管理的监管也存在不少隐患，监管体制不健全，监管服务体系建设滞后，对职业健康的重视不足以及农民工群体的监管漏洞等问题日益凸显，并严重制约着我国职业安全健康服务管理水平的提高。

一 职业安全健康服务管理的政府监管制度环境

我国的职业安全健康服务管理起步较晚，随着社会的快速发展，目前我国以国家标准为主的职业安全健康标准体系正逐步形成。首先，我国职业健康监管体制几经变化，不断完善。1998 年以前，我国职业健康监管处于起步阶段，由劳动部和卫生部负责监察和管理工作；从 1998 年到 2003 年期间，职业健康监管职能发生了重大变化，职业健康监察工作开始全部由卫生部承担；2003 年，职业健康监管职能被划到国家安全生产监督管理局。2005 年国务院将国家安全生产监督管理局升格为国家安全生产监督总局，2008 年安监总局增设了职业健康司，专门负责职业健康监管工作，在规格、人员配备方面都得到了极大的提升。其次，国家通过立法建立劳动安全卫生标准，《中华人民共和国劳动法》规定了用人单位和劳动者必须履行相应责任，并以此来保证劳动者在劳动过程中的安全和健康。另外，我国出台的专门针对职业安全健康的管理制度（主要包括法律法规、部门规章、规范性文件和职业卫生标准等）为做好职业安全工作提供了重要依据和法律保障。我国的职业安全健康标准体系根据职业安全健康标准的特点和要求，并按照其性质、功能、内在联系进行分类，是一个有机联系的整体。该体系主要由三级构成，即国家标准、行业标准和地方标准。1999 年原国家经贸委颁布了《职业安全健康管理体系试行标准》，2001 年国家质量监督检验检疫总局正式颁布了《职业安全健康管理体系规范》，代码为 GB/T28001－2001，属推荐性国家标准，该标准与 OHSAS18001 内容基本一致，其最新版为 GB/T28001－2011。①2009 年 5 月，国务院出台了《国家职业病防治规划（2009—2015 年)》，同年，国家安监总局又颁布了 23 号令，这标志着中国职业安全健康监管工作正朝着法治化方向不断前进。

在职业安全健康管理的具体操作过程中，安监局是主要的监管

---

① 《中华人民共和国国家标准职业安全健康管理体系规范》，GB/T28001－2001，2001 年 11 月 12 日；《中华人民共和国国家标准职业安全健康管理体系规范》，GB/T28001－2011，2011 年 12 月 30 日。

部门，用人单位是主要的实施主体。职业安全健康社会责任的监督
主体——国家安全生产监督管理总局、省安全监督管理局以及市县
等各级政府部门——都有相关的政策法规，并主要从职业安全健康
的前期预防、工作场所的管理、防护设施、教育培训、健康监护以
及应急管理等方面进行监督管理。一方面，从责任对象来看，用人
单位应承担职业安全健康主体责任。《工作场所职业卫生监督管理规
定》中明确提出："强化用人单位职业病防治的主体责任"，"用人
单位是职业病防治的责任主体，并对本单位产生的职业病危害承担
责任。""职业病危害严重的用人单位，除遵守前款规定外，应当
委托具有相应资质的职业卫生技术服务机构，每三年至少进行一
次职业病危害现状评价。"《职业病危害项目申报办法》中强调
"用人单位应当及时、如实向所在地安全生产监督管理部门申报危
害项目，并接受安全生产监督管理部门的监督管理。"《用人单位
职业健康监护监督管理办法》中所称的职业健康监护，是指劳动
者上岗前、在岗期间、离岗时、应急的职业健康检查和职业健康
监护档案管理。第二章中强调了用人单位的职责，"用人单位是职
业健康监护工作的责任主体，其主要负责人对本单位职业健康监
护工作全面负责"①。第 8 条中明确指出："用人单位应当组织劳动
者进行职业健康检查，并承担职业健康检查费用。"② 另一方面，
从责任内容看，用人单位应根据相应的法律法规从工作环境、管
理手段和水平等方面保证安全健康生产。国家生产经营单位要根
据《中华人民共和国安全生产法》等有关法律规定，设置安全生
产管理机构或者配备专职（或兼职）安全生产管理人员，保证安
全生产的必要投入，积极采用安全性能可靠的新技术、新工艺、

---

① 《用人单位职业健康监护监督管理办法（国家安全生产监督管理总局令第 49 号）》，第二章第 7 条，2012 年 4 月 27 日。
② 《用人单位职业健康监护监督管理办法（国家安全生产监督管理总局令第 49 号）》，第二章第 8 条，2012 年 4 月 27 日。

新设备和新材料，不断改善安全生产条件。生产经营单位要提高安全管理水平，积极采用职业安全健康管理体系认证、风险评估、安全评价等方法，落实各项安全防范措施，提高安全生产管理水平。在修订后的《中华人民共和国职业病防治法》中明确界定的职业病是指"企业、事业单位和个体经济组织等用人单位的劳动者在职业活动中，因接触粉尘、放射性物质和其他有毒有害因素而引起的疾病"。与旧的职业病防治法相比增加这样一些内容，"用人单位的主要负责人对本单位的职业病防治工作全面负责"，"工会组织依法对职业病防治工作进行监督，维护劳动者的合法权益"，并且提出了"国家鼓励和支持职业病医疗康复机构的建设"。从增加的内容来看，职业安全健康服务在法治方面有了新的进展，用人单位的主体责任没有改变，可以看出政府正在鼓励其他社会组织参与职业病的预防工作。

二 职业安全健康服务管理中的政府监管现状

（一）职业安全健康监管机构及其职能概况

政府性规制是职业安全健康服务管理的重要内容，为了保障职业安全健康管理的实施，政府制定了较为全面的规范性文件。制度性规范一方面为企业的实际运作提供制度保障，另一方面作为一种参照标准，为政府监督提供一系列标准和法律保障。我国政府部门在职业安全服务管理的过程中主要扮演着监督主体这样一种重要的角色，因此对政府组织的考察是必要的。通过政府部门的相关工作，我们可以基本了解我国政府部门在职业安全健康监管中的工作。现今我国的职业安全健康监管工作主要是由安全生产监督管理部门承担的，本次研究所涉及的职业安全健康管理的省级政府部门主要是 X 省安全生产监督管理局，它有一个下设部门——职业安全健康监督管理处——专门负责职业安全健康监督管理工作（见图 4 -1）。

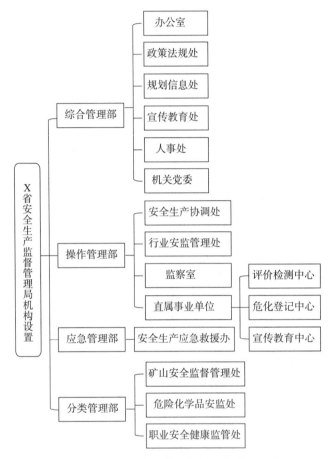

图 4 - 1 X 省安全生产监督管理局管理系统

在 2013 年 6 月以前，职业安全监督管理工作主要是由该省卫生部门承担。为了加强职业安全的监管工作，同年 6 月该省省政府下发了一项关于职业卫生监管部门职责分工的通知，职业卫生监管工作由卫生部门划转到安监局，由省安监局主要负责职业安全监督管理工作。另外，监管工作也由省卫生厅、省人力资源和社会保障厅、省总工会这三个部门协助承担。其中省卫生厅主要负责监督管理职业病的诊断与鉴定，省人力资源和社会保障厅主要是做好职业病人的社会保障，省总工会主要是反映劳动者职业健康的诉求，维护劳动者的合法权益。关于职业安全健康的工作，X省安监局还专门增设了一个部门——职业安全健康监督管理处。职业安全健康监督管理处的主要工作如下：用人单位的职业卫生监督检查，职业卫生"三同时"审查及监督检查，职业卫生检测、评价技术服务机构的资质认定和监督管理工作，负责监督检查和督促用人单位依法建立职业危害管理制度，向相关部门和机构提供职业卫生监督检查情况。①

（二）职业安全健康服务管理监管工作概况

近年来，X省安监局开展了大量工作，预防和控制职业安全健康事故的发生。在执法监察、职业卫生监管、隐患排查治理、应急能力建设、事故统计分析、标准化创建等方面都取得不小成绩。就2013年来说，除了制定相应的政策法规之外，省安监局开展了多项实践活动，其中包括每月和每季度的职业危害申报工作统计，在职业危害申报工作情况通报中，安监局首先针对本省的职业危害申报基本情况进行介绍。以2013年为例，截至2013年9月30日，本省的职业危害申报相比上一季度增长了7.7%。其次对本省职业危害申报工作中存在的问题进行分析。2013年X省的职业申报存在这样几个问题：一是申报进展较慢，二是对职业危害申报工作的重要性认识不到位。最后针对这样的情况，安监局明确下一步的工作重点：明确目标、统筹推进和严格执法。② 除此之外，安监局每年也特别重视对事故的统计调查分析，包括事故的基本情况、主要特点及反映出的问题，然后针对这些问题提出相关的建议。

从职业安全健康监管的工作过程来看，省安监局每年开展的工

① 中共X省委机构编制办公室：《关于职业卫生监管部门职责分工的通知》，2013年6月27日。

② 参照X省职业卫生监督管理局2013年第三季度职业危害申报工作情况通报。

作包括这样几类：规划目标、主要任务和保障措施（见表4-1）。首先，在目标建设方面，每年伊始安监局都会制订相应的年度计划。该省在2010年制订了一个五年规划，其具体的指标如下所述：有效控制尘肺病、重大急性职业病；培训、申报、危害告知、标示危害监测、评价建设项目及体检等的达标率；提高监督和查处率；构建三级职业病防治体系；提高工伤保险覆盖率；构建三级联网职业管理信息系统等。为了开展好职业安全这项工作，安监局制订了下一步的工作计划，即到2015年全省存在职业病危害的重点行业达到职业卫生基础建设标准，基本实现职业病防治规划目标。职业卫生基础建设活动的主要内容分为责任体系、规章制度、管理机构、前期预防、工作场所管理、防护设施、个人防护、教育培训、健康监护、应急管理10个方面。X省决定于2013年至2015年在全省开展重点行业领域用人单位职业卫生基础建设活动。① 这一层面的具体措施是制定相应的规章制度以及相应的规范体系，以保障职业安全健康工作的实现。

表4-1 安监局工作概要

工作项目	工作内容		措施
规划目标	总目标	综合防治能力提高、防范意识增强、作业环境改善、危害事故减少、健康权益有保障	法制规章建设
	指标	有效控制尘肺病、重大急性职业病；培训、申报、危害告知、标示危害监测、评价建设项目及体检等的达标率；提高监督和查处率；构建三级职业病防治体系；提高工伤保险覆盖率；构建三级联网职业管理信息系统	

---

① X省安全生产监督管理局：《关于开展重点行业领域职业卫生基础建设活动的通知》，2013年8月12日。

续表

工作项目		工作内容	措施
主要任务	用人单位责任	防治责任制、重点防治、做好救治工作	防范措施、管理制度、规范用工
	防治能力建设	监管体系和能力	预警、监测
	培训和宣传教育	多渠道培训、宣传	宣传周活动
保障措施	多部门协调机制	卫生、安监、人社和工会职责分工	联席会议
	监管和服务水平	监管队伍建设和提供职业卫生技术服务	机构、队伍建设
	执法力度	打击违法行为	惩罚、撤办
	文化建设	舆论和社会监督	宣传

其次，安监局每年开展的主要工作涵盖了三方面的内容：落实用人单位责任；加强职业病防治能力建设；加强培训和宣传教育。安监局落实企业社会责任监管的举措是督促用人单位设置职业卫生管理机构或组织，配备专职或兼职人员，建立健全职业卫生管理制度；规范用工行为，签订合同，依法参加保险，保障劳动者的合法权益；另外还要做好职业病人的治疗、康复、定期检查和安置工作。这是安监局对用人单位的相关规定，对于安监部门自身来说主要是加强职业病防治能力建设，也就是自身的监管能力建设。这方面工作的重要举措是举办事故调查处理培训班，着力提高调查处理人员调查取证、原因分析、事故调查报告撰写及事故分析四方面的能力。与此同时，为了加强内部工作人员的业务素质及工作效率，省安监局举办了职业健康专题业务培训，培训对象为各州市安监局职业健康分管领导、业务科室相关人员，培训内容是国家有关职业病防治的法律法规、方针政策，及职业卫生监管业务知识。对于职业安全健康专题业务培训工作，X省安监局职业安全监督管理处的负责人强调：

（职业健康专题业务培训）包括职业安全评价标准（四个导则），然后就是职业卫生评价通则，我们培训主要就是这四个方面。培训对象一个是我们监管部门的人员，首先自己内部的东西要熟悉，要管理，要执法，自己要懂法，执法人员要培训，然后就是我们的中介机构，包括专家。①

其中，X省关于职业健康的五年规划能力建设中明确提出"建立以政府为主导、市场为补充的职业卫生服务体系"，这为政府与社会之间的合作共建打开了良好的局面。同时，在职业病培训和宣传教育方面，提到"依法强化部门和行业的职责，协同媒体共同开展职业病防治的公益宣传"，这对于安监部门的工作来说也是一大突破。

最后，为了保障目标和任务的顺利完成，安监部门制定了相应的保障措施。一方面是建立多部门协调机制，通过联席会议规定各部门的主要职责，明确各部门的职能分工。2014年是X省职业安全健康工作职能转换的重要一年，安监局职业安全监督管理处的负责人谈道：

这几年我们重点就是在推动机构调整，去年6月份（X省政府）才开始把职业安全健康工作正式移交到我们安检部门……我们总体工作就分为三个部分，前期预防是在职业安检部门，中期的诊断、鉴定在卫生部门，然后保障在人事厅，工会这边是维权。②

职业卫生监督管理工作联席会议（以下简称联席会议）制度的主要目的是加强职业卫生工作，密切各部门工作联系，强化协

---

① X省安监局职业安全监督管理处负责人访谈资料。
② X省安全生产监督管理局职业安全监督管理处负责人访谈资料。

作配合，落实各级政府、有关部门、企业的职业病防治工作责任，有效预防、控制和消除职业病危害，保护劳动者生命安全和健康。联席会议的主要任务是组织、协调、检查和指导全省职业卫生监管工作。联席会议采用例会制度，会议由牵头单位组织，每半年召开一次，通报工作情况，分析全省职业卫生形势，提出工作思路、意见和建议。根据职业卫生管理工作实际情况和工作需要，联席会议可邀请其他有关部门分管负责人参加。① 虽然安监局的各项工作在有序推进，但是职业安全健康工作仅靠安监局的监督与管理是不够的，卫生厅、人力资源和社会保障厅、总工会也应该各司其职，保障职业安全健康监管工作的顺利实施。另一方面，X省安监局开展职业病防治工作的专项调研，大力开展执法检查，切实把职业卫生监管纳入安全生产监管体系，努力促进企业主体落实责任，真正维护劳动者身体健康权益和生命安全。为了加强职业安全健康监管，有效保护从业人员的身体健康和生命安全，充分发挥职业健康技术服务机构作用，省安监局组织召开全省职业卫生技术服务机构座谈会。职业卫生技术服务是职业病防治工作的关键环节，在用人单位预防、控制和消除职业病危害，以及监管部门监测职业病危害、现场监督执法、查处职业危害事故等方面，起着不可替代的作用。与此同时，安监局出台了安全生产举报奖励办法，目的是加强安全生产领域的社会监督，严厉打击安全生产违法行为，及时消除事故隐患，有效防止和减少事故发生。②

三 职业安全健康服务管理监督过程中存在的问题

近年来，职业安全健康事故频频发生，且此类问题已成为影

---

① X省安全生产委员会办公室：《关于印发〈X省职业卫生监督管理工作联席会议制度的通知〉》，2013年9月5日。

② X省安全生产监督管理局：《关于印发〈X省安全生产监督管理局安全生产举报奖励办法〉的通知》，2013年7月2日。

响社会秩序和社会稳定的公共问题，因此对职业安全健康服务管理的监管是目前政府部门应予以高度重视的一项任务。从调查的情况来看，现今的职业安全健康服务管理的监管工作还存在许多问题，主要表现在以下几个方面。

（一）职业安全健康的监管体制不健全

在职业安全健康监督方面，监管机构设置不健全，基层监管力量薄弱，是职业安全健康监管工作中政府部门面临的最大问题。目前，职业安全健康监管机制存在层层弱化的现象，越到基层机构设置越不完善，甚至有一些地方政府并没有增设专门的监管机构，因此职业安全健康监管工作的推行难度很大，没有专门的机构去领导和主持职业安全健康监管的日常工作和事宜，监管工作就很难落实到位，有的极可能敷衍了事。本来政府的工作常常是"上面一根线，下面一根线"，但有的地方政府甚至连针都没有，X省就是这样的情况，16个地州只有6个地州设置了相应的职业健康管理部门和机构。相对来说，机构不健全，开展工作的能动性就弱一些，通常情况下就是上级部门怎么交代怎么做，工作缺乏主动性和创新性。为此，很多时候就会出现"上急下不急"的被动局面。除此以外，体制机制不健全的另一个表现形式是相关部门的人员配备不足。尽管有政策和方案，但人员不够、队伍不健全，而且没有人员去落实，这就会导致很多工作和项目开展不了，也就常常会出现"雷声大、雨点小"的局面。该省所涉及的存在职业健康危害隐患的企业和部门一共有4万多家，省安监局只配备了5名编制人员，根据目前分管的工作和相关的责任情况来看，人员配备严重不足。

（二）职业健康服务体系建设滞后

管理水平低，工艺落后。截至2014年初，该省非独立的职业病综合防治机构仅38家，服务机构的数量和条件远达不到职业病防治要求，制约了职业病防治工作的健康发展。2013年该省的职业病服务机构换证时，只有 6 家通过现场审查，还有 32 家不具备现场审查的条件。相对于其他省份来说，该省职业安全健康服务的技术水平还是比较低的。另外，目前该省职业安全健康服务机构的服务意识也不是很强，很多时候是走过场，它们并没有意识到职业安全健康危害的严重性，以及可能对社会发展造成的不利影响。这也从侧面反映了该省的职业安全健康监管工作还存在很多漏洞，有些监管人员在职业安全机构的审查过程中仅做一些表面工作，不深入实际去调查、检查、取样。受这些主客观因素的限制，该省职业安全健康管理的水平远达不到社会的要求，安监部门针对这样的现实条件往往也是束手无策。

（三）对职业健康管理工作的重视程度不够

近年来，我国职业安全健康的监督管理工作虽然取得了明显成效，但从全国范围来看，事故总量仍然较大，重特大事故仍时有发生，且无论是企业还是相关主管部门在认识和行动上都将安全生产的工作重点放在职业安全上，对职业健康不够重视。由于职业危害对人身健康的损害是一个日积月累的过程，不像人身死亡事故那样明显，因此不论是企业还是相关部门都存在重"红伤"、轻"白伤"的思想意识。虽然职业健康已经被纳入安全生产的工作环节，并且现在职业安全健康的监督管理工作已经被纳入政府部门的考核体系，但是职业病的监管在整个考核体系中所占的比重太小，它只是安全生产中的一小部分，以百分制计算，职业安全健康只占极小的比重，由此来看，完全体现不出对职业健康重要性的认识。

（四）缺乏引导和激励的监管手段

职业安全健康的监管不应该只是监督检查，更重要的是引导和鼓励用人单位做好职业安全健康管理工作。当前相关部门在职业安全健康服务的监管方面主要是以属地监管和分类监管为主，在用人单位及用人单位的职工看来，相关部门似乎只是负责考察，检查用人单位的工作是否合格，而在其他方面，诸如政策、资金等投入的检查明显不够，企业则是完全责任主体。监督和督促用人单位或其他组织完成好职业安全健康服务工作是安监局的主要职责，这是毋庸置疑的。但是从现实情况来看，仅仅依靠用人单位去落实和完成好职业安全健康服务管理工作是有难度的。

（五）尚无针对农民工职业安全健康管理的监管

由于职业安全健康的监管只是针对相关生产单位，没有具体针对农民工的相关政策，因此农民工职业安全健康管理的监管工作在宏观层面上处于空白状态。一般而言，企业只为正式员工提供较为全面的职业健康服务，农民工在企业组织内部属于非正式员工，而绝大部分非正式员工主要是通过企业与一些劳务派遣公司（或称中介组织）合作进入企业工作的，未被纳入企业组织体系。因此，从某种程度上说，农民工的职业安全健康服务的提供者应是用人的中介组织而非用工的企业组织，但在我国中介组织发育还不健全，绝大多数中介组织未给劳动者提供相应的福利保障。于是，农民工就悬置在用工企业与中介组织之间，在享受职业安全健康服务时往往被边缘化了。2015 年 5 月 29 日，国家安全总局对生产经营单位安全培训的规定做出了修改，规定"生产经营单位使用被派遣劳动者的，应当将被派遣劳动者纳入本单位从业人员统一管理，对被派遣劳动者进行岗位安全操作规程和安全操作技能的教育和培训。劳务派遣单位应当对被派遣劳动者进行必要的安全生产教育和培训。"① 虽然此决定给体制外的员工带来了福音，但是在具体的操作过程中，政策是否能落到实处，谁来保证和监督，是一个值得深思的问题。

农民工是我国一个特殊的社会群体，农民工为城市和整个社

---

① 《国家安全监管总局关于废止和修改劳动防护用品和安全培训等领域十部规章的决定》（国家安全生产监督管理总局第 80 号令）中对《生产经营单位安全培训规定》做出的修改，2015 年 5 月 29 日。

会的发展做出了巨大贡献，农民工群体的职业安全健康不应成为被遗忘的角落。有专家分析指出，当前农民工对职业病防治意识薄弱，对相关法律法规的了解甚少，一些用人单位借此钻政策的空子，侵害农民工的合法权益。本书的调查也证实，体制内外的员工在职业安全健康服务获取方面的确存在差异，农民工享受到的职业安全健康服务管理不如正式员工。我国现有的职业安全健康的法律法规及规章制度中，并无专门针对农民工的保护条例。面对这样的情况，政府也很难监管到位。

第五章

农民工职业安全健康服务的
实现需要多主体合作

由于农民工职业安全健康管理的监管过程中存在的一系列问题将会长期存在，一些企业虽然在市场竞争中已经意识到维护员工职业安全健康的重要意义，也已采取一些措施改善员工的工作环境和条件，但实际上企业将管理精力更多地放在职业安全领域，对于职业安全健康这一需要长期投资和经营的员工权益，大多数企业仍是心有余而力不足。

企业的现代化要求其具备适应"变革"的能力。随着企业内部结构设计越来越朝着扁平化和专业化方向发展，管理中的碎片化问题也明显显现出来。单纯依靠企业自身解决农民工职业安全健康服务中存在的问题，显然是不够的。如何在农民工的身份转型中保障其职业安全健康权益是当前中国企业治理中要面对的现实问题。从本书所调查的企业中农民工职业安全健康服务现状来看，企业在短期利益与长期利益、自身利益与雇员利益的博弈中，选择短期投资与自身利益的行为也不鲜见。这种看似理性的行为难以使企业在未来的社会责任层面上的竞争中立足。由此看来，要确保企业在农民工职业安全与健康服务供给中的有效性和合理性，需要从整体性治理和网络化合作治理的视角寻找突破口，搭建公共部门和私人部门行为主体之间的互动平台。以下的分析，基于调查所获的实证资料，同时关注中国企业普遍存在的问题，并结合农民工职业安全健康的实践情况展开。

一 农民工职业安全健康服务供给中的结构性差异

农民工与正式员工在生命权和健康权上享受的待遇不一致。企业针对不同类型的职工采用不同的管理制度是精细化管理的客观要求，但仅仅是因为社会禀赋上的差异而对农民工进行区别对待，是难以有公平可言的。从应然的角度来说，农民工与正式员工应该享受"同工同酬"的待遇。实际上，从以上分析中可以看出，企业在提供农民工职业安全健康服务过程中，农民工与正式员工"同工不同酬"以及差别性待遇的现象比较明显。农民工与正式员工之间的结构性差异在实际管理中表现在三个方面：职业安全健康监护、职业健康教育、职业健康权益保障。从前面的资料对比分析来看，正式员工在这三个方面获得的支持要比农民工好得多，且正式员工大多从事的是管理工作，在第一线车间进行劳作的几乎都是农民工。因此，以下分析主要针对农民工的情况展开。

（一）职业安全健康监护方面的问题

农民工职业安全健康监护主要通过职业安全资源的提供与劳动过程的防护来体现。职业安全资源涉及农民工体检、职业危害防控制度、工作场所卫生安全设施等方面。就本书调查的企业来说，组织农民工定期体检是一个难以解决的问题。农民工的工作时常受到企业项目的工期影响，工期一旦结束，农民工又需要寻找新的工作。农民工工作的流动性致使企业在承担组织农民工定期体检的社会责任方面遇到了难题。与此同时，为每个雇用的农民工购买工伤保险这一看似最基本的职业安全健康服务，企业落实起来也比较困难。究其原因，农民工所从事的工作具有流动性、短暂性、季节性和高危险性的特点，企业为每个农民工都购买工伤保险显然是不现实的，也是企业无能力甚至一些企业不愿意去做的事情。职业危害的防控制度对于企业而言，已经不是制定制度的问题，而是如何有效地执行制度的问题。职业危害防控制度的执行受到企业领导重视程度、农民工职业安全健康意识水平、政府监管效力等因素的影响。工作场所的卫生安全状况与企业自身经济效益以及领导管理的理念有很大关系。

劳动过程中的防护涉及防护设备、工作环境条件、风险控制、安全作业制度、防护品、职业卫生专业人员、防护措施、有毒有害工作场所防护设置、防护设施的材料材质、新工艺技术等方面。关于防护设备，被访企业给农民工发放的基本防护用品是口罩、耳塞、头盔、手套、常用医药品等。实际上，这些常用防护用品常常不能有效杜绝电光眼、尘肺病、硅肺等职业病的发生。在有的制造性企业，除了从工作间往外传播的噪声可以屏蔽外，生产作业过程中的噪声伤害是无法避免的。这就需要企业加大投入以引进新技术、新设备来减低职业危害的程度。那么企业引进成本比较高的防护设备的动力在哪里呢？目前看来，那些资金不够雄厚的中小企业如果从理性功利角度出发，往往不会轻易选择引进先进防护设备以维护员工的安全健康，何况这样的投资行为在短期内是看不到效益的。或许，这些中小企业也没有足够的能力进行高成本性投入以改善职工的职业健康。

从职业健康防护措施来看，个体差异和部门间的差异比较明显。虽然有生产操作规程、规章制度等制度化的规定，但是职业健康防护除受到制度方面的影响之外，还会受到技术层次、工作经验、个体认知水平等因素的影响。有的企业在个人防护的监督环节上采取了比较严格的措施，对违反劳动纪律或劳动规章、违章作业的行为进行现金处罚和记过处分。不仅对当事者进行处罚，而且对违反劳动纪律的企业也进行处罚。当然，也存在监管不到位时部分农民工抱着侥幸心理，嫌弃戴防护用品作业比较麻烦，进而干脆不佩戴防护用品就开展作业的情况。有的厂因为地处偏远山区，连最基本的医务室都没配备，工人生病要到距离厂区几公里之外的县城里看病。这些厂送工人就医的车辆也压根不是救护车，而是采用一般的交通车辆。为了避免年龄的因素导致疾病恶化，这些厂招工时专门挑选身体素质比较好的青壮年劳动力。

建立职业健康监护档案是必要的。职业健康监护档案不仅是在发生伤亡事故后进行理赔的依据，也是对农民工职业健康状况进行实时监控，了解发展态势进而促使管理改进的依据。一些企业未能建立起完善的职业健康监护档案，除了自身对职业健康监护档案的重要性认识不足之外，一个重要的原因是农民工职业的特性影响了该档案的可持续记录。由于农民工工作的特殊性和流动性，职业健康监护档案建立过程中面临着"脱档"的现实。有的企业干脆认为短期用工没有必要建立职业健康监护档案，有的企业甚至认为，建立职业健康监护档案会为企业带来负担，发生健康事故时为企业脱责设置了障碍。由企业自身为农民工建立职业健康监护档案是否可行？如果可行，如何保证这一档案在人命关天时发挥应有作用是当前开展农民工职业安全健康服务过程中需要进一步明确的问题。

（二）职业健康教育方面的问题

接受职业健康教育是每个职业工作者都享有的基本权益。企业对于正式员工基本能够做到职业安全教育的规模化和规范化。但是对于大量的农民工而言，"师傅带徒弟"式的职业安全教育模式受到了企业的青睐。"师傅带徒弟"式的职业安全教育模式在职业安全教育中具有操作灵活、容易接受、教育效果明显等优点，但也存在"不同的师傅带出来不一样的徒弟"的难题，从而出现了员工的职业安全意识水平参差不齐的情况。虽然有生产操作规程、规章制度等制度化的规定，但是职业健康防护处理除了受制度影响外，还会受到技术层次、工作经验、个体认知水平等因素的影响。

从受访企业来看，目前这些企业所能做到的是职业安全的教育，而更高层次的职业健康教育现状不容乐观。企业是当前职业安全健康培训的主要组织者和实施者。无论是企业领导还是农民工对于职业安全健康的认知都局限于职业安全领域。在职业健康的认知上，他们知道对自己的身体有伤害，但在具体有什么伤害以及应该怎样防范等方面并没有充分的认识。职业安全健康教育的目标是增强农民工的职业安全健康防护意识和应对职业危害的能力。企业对职业安全健康的重视程度直接影响农民工职业安全健康的意识和能力。虽然部分企业已经意识到职业安全对于企业自身发展的作用，并已经采取相应的行动保障生产过程中的安全，但是就职业健康而言，其本身投入的长期性、风险隐蔽性以及高成本性致使企业在职业健康投入上动力明显不足。即使有的企业有心在职业健康方面采取相应的行动，也因农民工工作的流动性和短期性而使现有的职业健康实现机制失去了效力。同时，职业健康中的身体健康受重视程度如此，那心理健康方面的企业教育实践更不值一提。正因为如此，职业健康教育对于企业来说，似乎是一个不愿选择的社会行为。

当然，在美国、德国等国家，职业健康教育的主要从事者除企业之外，更为重要的力量是政府、社区、非政府组织等。在美国，政府在采取强制性措施的同时，还采取了多种支持引导性措施，包括咨询服务、安全与健康教育培训以及信息服务。[1] 除此之外，社区、工会、非政府组织也在政府的倡议下与企业开展职业

---

[1] 张红凤、于维英、刘蕾：《美国职业安全与健康规制变迁、绩效及借鉴》，《经济理论与经济管理》2008 年第 2 期。

安全与健康教育方面的合作。

（三）职业健康权益保障方面的问题

职业健康权益保障是矛盾较为集中的领域。按照《中华人民共和国职业病防治法》的规定，企业（用人单位）应对接触职业病危害作业的农民工进行保护，严格按照相关规定在上岗、在岗和离岗时对接触职业病危害作业的农民工进行职业健康检查，产生的费用一律由用人单位承担。[1] 实际上，农民工的职业病检查、复查以及康复治疗远没有法律规定的那样乐观。一些农民工即使认识到从事相应的工作会有职业安全和健康隐患，但迫于生计，仍然选择高危的行业。在高危行业从事作业的人群大多是知识层次较低、职业技能不高、自我保持意识水平较低的农民工，这一群体相对其他职业群体而言，承担了劳动密集型产业所带来的社会风险，受到的社会剥夺程度远远大于其他职业群体。

由于用人单位和农民工之间存在信息不对称的情况，有的企业故意在用工上选择流动性比较大的农民工，不签订劳动合同，以减少对职业病防治费用的投入。被确诊为职业病的农民工带病工作或被辞退在目前一些企业中仍然很普遍。虽然相关法律做出规定，用人单位一旦发现职业病人或疑似职业病人，应该及时报告给卫生行政部门，被确诊的劳动者所在的用人单位还需要上报至劳动保障行政部门，但调研发现，瞒报或不报的现象仍然存在。特别是工伤事故发生后，企业采用的是事故责任制。发生事故后上级部门要追究事故发生部门的领导责任，如此一来，工伤赔偿很少走制度化的途径。一些企业更倾向于选择私了，以致农民工的权益得不到制度的保障。工伤制度与企业问责制相耦合，农民工的利益追偿能力比较低下，使得农民工在劳动争议过程中居于不利的地位，削弱了工伤制度本身的保障效力。

---

[1] 《中华人民共和国职业病防治法》第 36 条。

关于职业健康检查和诊断，目前存在检查项目不完善，复检率低（不把医疗机构出具的检查结果反馈给员工，影响职业禁忌症、疑似职业病、职业病的及时准确检出），《职业健康检查表》中职业史、总工龄、接害工龄等项目缺失等问题。从事职业卫生健康检查的主检医生多来自其他临床专业，没有取得职业病诊断医师资质。① 一些企业组织的体检，走形式、完成指标的行为动机比较明显，对于职业疾病的检查鲜有涉及，即使进行了相应检查，参与体检的农民工也未必知情。不把医疗机构出具的检查结果反馈给员工、故意隐瞒实际病情的现象仍然存在。有的企业组织的体检并没有在具有职业病诊断资质的医院进行，而是在企业内部抽调相关医生开展职业病的检查和诊断。

企业也认识到了职业安全与职业健康的差别，原先企业只设置了安全管理员，最近几年开始设置专职的职业卫生管理员。但很多企业设置的职业卫生管理员实则主要负责安全生产的监督和检查工作。从企业高层到第一线的管理人员，在管理意识上仍然把工作的重点放在安全生产方面，至于职业健康特别是流动性强的农民工的职业健康大多还没有被真正纳入企业自身的管理实践。

制度设计上要求相应的企业建立从进入公司到离开公司的全部职业健康档案，做到每年进行职业健康体检。但也有的农民工反映，不能在企业享受每年一次的例行体检。在制度层面上要求企业在提供职业安全健康服务中做到"三同时"。"三同时"是指一切新建、改建、扩建的基本建设项目（工程），技术改造项目（工程），引进的建设项目，其职业安全卫生设施工程必须符合国家规定的标准，必须与主体工程同时设计、同时施工、同时投入生产和使用。目前，企业在执行"三同时"的相关规定时，主要也是从职业安全的方面进行的，至于职业健康层面上的"三同

---

① 吴伟刚、简天理、罗琼：《职业健康检查和职业病诊断存在的问题和对策》，《中国工业医学杂志》2014 年第 2 期。

时", 企业在实践中予以落实还任重道远。

由此可见, 企业在职业安全健康监护、职业安全健康教育和职业安全健康权益保障三大实践场域中践行农民工职业安全健康服务的能力是有限的。差别对待下的农民工在消费企业提供的职业安全健康服务的同时, 也为企业未来的战略性竞争力的提升埋下隐患。企业要追求长远的发展, 必须保证不发生特大职业安全健康事故, 但这又是任何一个高危企业的管理者不敢保证的。

二 农民工职业健康安全服务供给中政府与企业的责任边界

农民工职业健康安全服务从性质上来看, 具有一定程度的公共产品性质。对于企业而言, 其所供给的产品或是愿意供给的产品几乎都是私人产品。面对私人产品的供给, 企业的逐利空间比较大, 收益的产权也比较容易被界定出来。但是, 农民工职业健康安全服务的供给所表现出来的公共产品属性促使企业在逐利的同时需要支付更多的外部性代价, 产权归属无法清晰地明确出来。从这个意义上来说, 企业供给农民工职业健康安全服务的动力很难通过服务的生产激发出来。同时, 农民工职业健康安全服务追求的目标不能简单地用货币来计量, 它更多地通过福利福祉或是农民工及其后代的生命健康权利体现出来。因此, 在短时间内企业难以估量其职业健康安全服务供给的效益。这也是企业"不能"或是"不愿"积极投入农民工职业健康安全服务供给的重要原因。

作为一种具有公共性的服务产品, 农民工职业健康安全服务不只是让农民工本人受益, 也在一定意义上使得其家人、后代人受益或整个社会受益。服务的溢出效应要求供给方担负较多的社会代价, 必须进行长期的追加投资才能使这种产品的规模效益体现出来。对于一个企业而言，这显然是不现实或是没有能力去做的。即使一些资金比较雄厚，发展规模较大的企业，在农民工职业健康安全服务中的长期投入会使其背负较大的成本包袱，进而挤压短期内的收益额度。除非该企业愿意担负这种社会责任，否则农民工职业健康安全服务的供给单纯指望企业来做，显然是企业不甘愿的。

随着政府职能转变改革的推进，政府的服务职能越来越清晰，而企业的服务职能边界却越来越模糊。相应地，在政府进行农民工职业健康安全服务领域的服务社会化以及放权改革过程中，企业成为这种权力让渡的"接盘侠"。有的地方政府在减负改革中，把农民工职业健康安全服务的供给责任一股脑甩给企业，也不是没有先例。对于很多高危行业的企业而言，完全承揽地方政府职能转变过程中释放出来的服务职能，意味着需要支付更多投入成本。特别是在"安全第一"的意识形态指导下，一些企业甚至会在一次重大事故中遭受灭顶之灾。究其原因，企业在一定程度上还没有能力把职业健康安全服务的责任通过一方之力揽负起来。农民工职业健康安全服务，无论是从其供给产品性质，还是从其服务的受众对象及其影响来看，其公共性属性不言而喻。在企业、政府与社会三者之间的关系视域下，农民工职业健康安全服务的供给往往不是企业一方能说了算的。因此，如果在农民工职业健康安全服务供给过程中，只寄希望于企业一方来承揽所有的服务职能，这无异于把企业逼上疲于应付的局面。

因此，在农民工职业健康安全服务供给中，政府与企业之间不应该是非此即彼的关系；而应该是企业、政府与社会三者之间的合作共治。即使是进行政府职能调整改革，地方政府也不能在农民工职业健康安全服务供给中完全撒手，放任不管。而应该积极与企业进行共同协商，寻找共识，建立合作共治的农民工职业健康安全服务的供给机制。

三 劳动关系紧张下政府在农民工职业健康安全服务供给中的责任

在常规管理中,政府在农民工职业健康安全服务供给中有不可推卸的责任。实际上,农民工职业健康安全服务供给中的政府责任更为紧迫地表现为劳动关系紧张时政府的立场和作为。社会转型时期,社会失范现象频发,劳动关系紧张已然成为组织管理面临的时代问题。如何有效地解决组织管理中的冲突不仅是企业管理要解决的问题,也是社会管理需要应对的现实问题。在开放式管理条件下,劳动关系紧张这一问题不仅仅是企业内部的问题,它已经成为具有普遍性和公共性的社会问题。

劳动关系紧张时,企业的价值追求和劳动者的价值诉求可能不一致。它们基于各自的道德立场做出价值选择,难免会产生道德上的分歧。如果地方政府无视这种道德分歧,放任企业只立足于自身立场进行农民工职业健康安全服务的供给,那么企业供给的服务可能会以牺牲农民工的利益来谋求自身的利益实现。长此以往,劳动关系将会更加紧张和恶化。农民工在职业健康安全服务领域的权利机会和权利能力在一定程度上是由于制度安排和结构性设置而造成的。长期的社会剥夺和阶层固化使得农民工在整个社会秩序中居于社会地位的底层。这一现实无疑会导致农民工在与企业进行职业安全和健康博弈中处于弱势地位。从价值立场上来看,政府是公共利益的代表,它有责任在公共理性的驱使下保障弱势群体的利益实现。所以,地方政府在劳动关系紧张时除了担负常规的管理角色之外,还应是裁判者和斡旋者的角色。它可以通过搭建沟通平台促进企业和劳动者基于自身的道德立场展开公共论辩,让劳动关系矛盾在沟通协调中寻找到共识。

当前,我国各级政府均在进行职能调整的改革,一些地方政府在职能社会化和分权化的改革中纷纷退出农民工职业健康安全的服务生产和供给过程，甚至撒手不管。这使得农民工职业健康安全服务的生产和供给远远不能满足农民工群体的需求，引发深层次的社会矛盾。地方政府的职能调整和转变，并不能单纯基于减负的立场，而应该是"减负不减责"。特别是在劳动关系紧张的情况下，当农民工不具备获取自身合法权益的能力和平台时，如果政府完全退出农民工职业健康安全服务供给的领域，后果将不堪设想。

劳动关系紧张是特定社会问题的表现形式，其公共属性决定地方政府在农民工职业健康安全服务供给中的核心地位。不管地方政府职能如何调整和转变，保障农民工在职业健康安全服务中的合法权益是政府的应有职能。当然，从社会安全阀机制建设的角度来看，地方政府也不应该完全让企业成为农民工职业健康安全服务供给的唯一主体。实际上，众多企业也没有能力或是不愿意揽负这一沉重的社会责任。因此，政府的道德立场决定了其在农民工职业健康安全服务供给中的责任，在劳动关系紧张的情况下更是应该凸显政府在该领域中的职能。

目前，一些企业在监管制度的约束下确实承担了一些农民工职业安全防护的责任，并在职责范围内设置了相应的职业病防治的体系和制度安排。这些常设的农民工职业健康安全条件，对于经济效益比较稳定的大型企业来说并不是难题。但是，对于经济收益甚微、市场不稳定的企业而言，配备农民工职业健康安全服务设施无疑会加重其生存的压力，更不用说对职业病进行长期投入以实现可持续性义务。一般企业在承担这种社会责任时并不是无条件的，它还需要较高的社会资本支持，同时也需要一种互利的社会文化氛围。

用工多样化是当前众多企业规避市场风险和应对不确定性时的策略性手段。企业中有正式员工、长期劳务派遣性农民工、短期劳务派遣性农民工等多种身份的员工。对于正式员工，收益较好的企业基本都能在职业安全上给予其基本的保障。但是这种公民待遇在农民工身上并不能充分地体现出来。一方面是因为劳务派遣性用工中的信息不对称、逆向道德等问题容易引起委托代理责任不明确；另一方面因为农民工的用工季节性、短暂性、周期性特点导致企业不愿或不能进行人力资本的长期投资。

农民工职业健康安全服务供给是建立在特定劳动关系基础之上的，劳动关系又是整个社会关系的重要组成部分。无论是法定的义务还是基于道义上的义务，企业在供给农民工职业健康安全服务过程中难以跳出外部性的影响。这使众多企业在履行义务时更多出于"被监管"而有作为，无监管就放任不为；也在一定程度上表明农民工职业健康安全服务的供给并不是企业一方可以做好的，政府在农民工职业健康安全服务供给中有着义不容辞的责任。

综上所述，单纯依靠企业提供作业过程中的基本防护，或只是在企业内部建立控制机制，已然不能解决农民工职业安全健康服务提供过程中出现的问题。从政府层面来说，通过制度设计促进劳动力供求关系的转变，恢复农民工合法身份权益，推动劳动合同制度落实及建立协商工资制度，以及对农民工进行教育培训等则需要政府亲力亲为。

第六章

农民工职业安全健康服务实现的制度创新

目前，农民工职业安全健康服务的供给主体有企业、政府和工会。每个主体在服务供给中扮演的角色和担负的责任有所不同。

一 职业安全健康服务社会责任
实现的制度供给分析

从国外的经验来看，企业职业安全健康服务制度的供给呈现多元主体参与、合作共治的特点。职业安全健康服务不仅要重视企业自身在职业安全健康方面的服务供给，同时政府、工会与社会团体的支持体系也需要完善。政府在职业安全健康服务的供给中除了扮演监管者的角色之外，还为企业提供了外部的资源和条件支持。工会及相关社会团体为企业职业安全健康的实现提供了教育咨询、培训、监督与合作等服务。以下从企业、地方政府、工会及社会团体三个方面分析我国农民工职业安全健康服务的制度供给状况。

（一）企业在农民工职业安全健康服务方面的供给状况

对于我国企业来说，职业安全健康服务的制度供给主要涉及职业安全资源与条件、职业安全教育和有限的职业安全权益保障。虽然一些企业对此也付出了相应的努力，但从实际操作层面来看，企业的服务主要集中于职业安全层面。众多企业在发展中还未能真正具备职业安全与职业健康并重的服务水平。就职业健康而言，由于其具有实现的长期性、高投资性以及隐蔽性的特点，一些企业在自身资源和能力条件的限制下，往往还没有把其列为企业发展的一项规划目标。

（二）地方政府在职业安全健康服务方面的供给状况

企业自身在践行农民工职业安全健康服务方面存在局限性，理论上需要地方政府出面来克服市场失灵的困难。从理想的制度设计出发，地方政府对职业安全健康进行规制的动因如下：企业与雇员之间存在信息不对称，劳动者的非理性，工作场所安全与健康的正外部性。企业不能将工作场所安全与健康收益完全内部化。[①] 这一地方政府角色的界定假设地方政府是公共性、公益性代表的化身，能够站在弱势群体的立场维护社会正义和公平。实际上，履行监管职能的地方政府相关部门在实际的职业安全健康服务供给过程中，存在缺位的情况，甚至有的部门扮演的是自利的角色。一些部门检查工作的主要目的就是到企业收钱，"为利而监管，有利就监管，无利则不管"。

对于资金不够雄厚、规模较小的企业而言，由企业独自承担所有农民工的体检费用，在运作的实践中往往不是很现实。一方面，企业难以承担体检成本；另一方面，则是农民工务工本身的特点（如流动性、务工短暂性、职业病的形成非短期性等）使得企业本身在农民工职业健康实现中动力不足。面对这一非线性的复杂问题，单纯指望企业在其中有所行动的构想导致目前农民工

---

① 张红凤、于维英、刘蕾：《美国职业安全与健康规制变迁、绩效及借鉴》，《经济理论与经济管理》2008 年第 2 期。

职业安全健康实现的困境。

地方政府对职业健康防护的监控主要采用抽查的方式。职业监控防护的监管分别由不同的部门负责，如环保部门、职业病防治部门、卫生行政部门等。这种碎片化的组织结构设计难免导致实际监管中出现互相推诿、扯皮的现象。如何在监管过程中转变地方政府只为监管而管理的理念？合理的制度设计或许能解决这一问题。

美国在职业健康规制过程中不仅重视职业安全而且关注职业健康，在健康改进和社会投入之间寻求平衡点。它在职业安全与职业健康上采取了多样化的措施，主要包括强制性措施、引导性措施和合作性措施。合作性措施主要有自愿防护计划、战略伙伴计划和联盟计划。

（三）工会及社会团体的服务供给状况

根据《工会法》、《企业工会工作条例》和《中国工会章程》的规定，工会具有维护劳动者合法权益的法定责任。但实际上，企业所设置的工会扮演的角色主要是组织员工参加集体活动，对于维护劳动者权益的角色并不能有效实现。无论是从组织的设置上还是从人员的安排上来说，企业工会都不能充分实践其应有的独立性和监督功能。究其原因，企业工会已然成为企业内部的一个要素，受制于企业，其存在的价值由企业自身来决定。这种既是裁判又是运动员的企业工会在实际运作过程中更多的是一种摆设。一些企业工会在组织结构设计上依附于企业自身的组织结构，企业中的领导兼任工会领导。这种借用行政管理体制中的"对口管理"模式钳制了工会本身作用的发挥，也在一定程度上集中了管理的权力，导致这一权力难以得到有效的监督。维护农民工权益应是工会的分内之责，然而，工会在实际管理活动中承担的更多的工作是协调职工之间的矛盾、调解家庭纠纷、组织娱乐活动等，有的工会甚至成为领导班子的"一条腿"，承担了一定的行政

性工作。当然，农民工权益的维护也受到组织部门的自组织性的
影响，"上有政策，下有对策"的情况在工作中仍然普遍存在。基
于"人情关系"的应急事件处理方式受到企业的青睐。出现安全
事故时，企业善于运用"内部协调"和"动用亲情、人情资源"
使得大事化小，小事化了。在这一事故应急模式中，农民工始终
处于信息不对称的一方，缺乏相应的力量实现话语权。

综上所述，企业在实现农民工职业安全健康服务中虽然已经
做出了相应的努力，但实际上，农民工的职业安全健康服务水平
的实现，单靠企业自身的条件是难以完成的，企业面临的外部场
域是促使其努力实现农民工职业安全健康服务的关键力量。政府
作为这一外部场域中的主要力量，在农民工职业安全健康服务的
实现上显然还需要注入新的资源。如何平衡企业和政府之间的张
力，我们往往习惯于把这种责任放在企业工会的身上，但是企业
工会自身的尴尬身份致使其难以实现公众和相关利益群体寄托的
期望。因此，企业是农民工职业安全健康服务实现的唯一主体的
现实导致当前矛盾频发，进而诱发新的社会矛盾和问题。

二 企业应视农民工职业安全健康为 一种战略性社会责任

建构合理的农民工职业安全健康模式将是农民工职业安全健
康服务实现即企业战略性社会责任实现的现实选择。2015 年 3 月
24 日国家安监总局出台了《用人单位职业病危害防治八条规定》，
"要职业，更要职业健康"，成为现今日常生产和工作过程中的信
条。该规定是对企业职业病危害防治提出的重点要求，也是保障
劳动者职业健康的最基本要求。

在中国社会结构转型的过程中，制度性因素导致农民工基本
的职业健康服务在许多方面是缺失的，很多人总是从道德伦理或

行政干预等角度讨论这个问题，因而使得这个问题的讨论显得只有学术价值。实际上这是一个可以在现实中把企业利益与社会利益结合讨论的真命题。近些年来，越来越多的西方学者开始从企业战略发展的角度来思考企业社会责任的理论和实践问题。许多西方学者认为，如果从企业战略发展的角度考虑企业社会责任，可以使企业实现顾客忠诚、生产率提升、新产品和新市场的开发等目标，从而为企业创造价值，带来显而易见的经济收益，可以持续提升企业竞争优势，为企业和社会带来大量且不一般的利益。战略性企业社会责任可以促进企业提升这么几个方面的能力：为企业的资源和资产组合设置一致目标；先于竞争对手获得战略性要素；通过顾客对企业建立声誉优势；确保企业创造的价值增值为企业所独占。

把职业健康服务管理作为企业管理体系的一个部分，就是一种战略性企业社会责任的思考路径，其能够提升企业的自觉性和主动性，促使企业最大限度地利用有限的资源最大限度地保障员工的职业健康，在降低职业病导致增加企业费用的同时有效地提高员工生命质量，达到预防和控制职业病发生的目的。随着中国工业化和城镇化的快速推进，农民工将是产业大军的一支重要力量，企业承担起对农民工的职业健康服务管理的社会责任，是中国社会发展也是中国企业战略发展的必然要求。从宏观层面讲，中国社会的全面发展要求企业必须承担对所雇用农民工职业健康服务管理的社会责任，以实现企业在社会中存在与发展的现实合法性，获得良好的社会声誉以及进一步的公共政策支持；从企业本身发展战略的需要而言，企业要进行生产必须要有充足的劳动力，而在当代中国的工业化进程中，农民工就是主要的劳动力供给的来源，企业只有注重对他们的职业健康服务实施社会责任管理，才有利于协调企业劳动关系并促进企业内部稳定发展，也才能在社会中形成良好的社会声誉、有源源不断的优秀劳动力供给，否则出现一些诸如富士康招工难的问题就不会仅仅是个案。

可以想见，未来大量的中国企业中会有大量的农民工成为新生的企业员工，他们的职业健康服务管理将会成为中国企业管理的重要组成部分。中国企业的社会责任实践刚刚起步，尤其是对农民工职业健康服务管理这一社会责任的承担没有太多的刚性规定，目前企业主动履行一般性社会责任的动机相对较弱。但随着社会的发展，企业受到社会要求其履行社会责任的压力越来越大，部分企业会率先从自身战略发展的需要出发开始主动适应这种变化，承担农民工的职业健康服务管理会渐渐成为中国企业的一个普遍发展趋势。农民工职业健康服务管理问题越来越为社会所关注，凡是注重农民工职业健康服务管理的企业都会比不注重的企业具有更多的合法性认可，由此可在社会中获得更多的经济或非经济利益。企业的竞争力关键是强调自己有别于其他企业组织，在制度目标的引导下，少数企业会通过发信号的方式让社会知道，自己在对待农民工的职业健康服务管理方面是率先的，由此获得好的社会声誉、农民工的组织认同，以及熟练农民工工作的稳定性等。这些企业所起到的示范作用，会进一步带动更多的企业对之进行模仿，并最终在社会中演化为所有企业都必须严格遵循的社会规范。

企业实施农民工职业健康服务管理社会责任制度，需要整个社会进一步形成共识，即农民工作为中国社会结构第三元的一元是未来产业大军的重要力量，通过企业自身、政府和其他社会组织的促进作用加速该制度内外部机制的建设。企业率先承担农民工职业健康服务管理社会责任的成本与企业的地位等级、规模有关系。由于拥有资源的丰富程度不同，企业的产品性质、地位等级、规模大小与它们对制度环境的压力的敏感程度呈正相关关系，不同企业承担代价的能力不一样，大的企业资源丰富，中小企业可能心有余而力不足。最先承担农民工职业健康服务管理社会责任的企业，不一定是因为它实施该制度特别有效率，而是因为它可以而且愿意承担相应的代价。越是具有战略性眼光的企业，越有可能从积极角度理解企业社会责任可能给企业带来的成长与发展的机遇，越有可能实施农民工职业健康服务管理社会责任制度。承担农民工职业健康服务管理社会责任可以使企业获得更好的社会声誉、更有效的农民工劳动力、更高的员工组织认同度，从而成为企业核心竞争力的一部分。

三 农民工职业安全健康的公共服务化与路径选择

当前，安监部门在职业安全健康方面的工作正渐渐步入正轨，但不论是在体制机制、人员配备、工作内容还是在工作方法上都存在一定的不足。体制机制不健全是职业安全健康监管路上的一大障碍，是政府部门应予以重视的问题。职业安全健康服务管理在我国起步较晚，要做好这项工作还有很长的一段路要走。

在经济社会发展的今天，职业安全健康问题已是公共领域的一个重要议题。职业安全健康是全体社会成员对自身生存权和发展权的最低需求，是一个全局性的社会问题，具有公共性的特征，因此职业安全健康服务管理是一项公共服务，从单一视角解决此问题难以奏效。此次调查也证明了用人单位很难落实好主体责任，政府部门也因机构设置、人员配备及现实条件等多方面因素很难监管到位，所以做好职业安全健康的监管工作，必须转换视角，政府及其他社会组织也应该参与其中服务于企业和劳动者[1]，通过

① 彭忆红：《职业病的防治重在政府担责》，《中共桂林市委党校学报》2006 年第 3 期。

企业、政府和社会的互动与合作，实现共赢与和谐。[1] 没有企业的努力，职业安全健康服务将难以实现；没有政府的监督和引导，职业安全健康必然缺乏有效的保障；没有社会的参与，职业安全健康管理则无法营造一个良好的舆论氛围。从现实的情况来看，在职业安全健康服务管理的过程中，企业、政府和社会这三者之间还存在失衡现象：政府和社会具有相当的主动性，它们对企业提出要求和期望，企业是承担责任的直接主体。[2] 但就目前我国企业的发展阶段及状况来看，企业难以完全担负起职业安全健康服务管理的相关工作。要改变这样的局面，还需要重塑政企关系，政府应打破"重管制轻服务"的观念，完善其公共服务职能，积极为企业提供优质高效的服务，实现政府由"管制型"向"服务型"治理的转型。[3] 政府部门在职业安全健康服务监管方面还应该发挥其优势，培植、引导和规范职业卫生服务市场，为其提供一整套完善的社会保障体系。与此同时，这类社会公共问题应该引起社会的广泛关注，其他组织应逐步加入职业安全健康服务的场域中来。

职业安全健康服务具有公共性，那么这项责任就是一项公共社会责任，参与主体也应该包括与之相关的其他组织。在职业安全健康服务管理的场域中，政府和工会为职业安全健康责任的履行提供有效的法律和制度保障，引导企业履行这一责任；而媒体则发挥着宣传监督的作用，同时媒体也充当了政策与执行主体间的中介作用；尽管同行之间是一种竞争状态，但也应该相互督促、

[1]　张守军：《基于社会三元结构的中国企业社会责任反思》，《四川行政学院学报》2009 年第 1 期。

[2]　贾生华、郑海东：《企业社会责任：从单一视角到协同视角》，《浙江大学学报》（人文社会科学版）2007 年第 2 期。

[3]　肖微、方堃：《基于博弈论思维框架的政府与企业关系重塑——从"囚徒困境"到"智猪博弈"的策略选择》，《华中农业大学学报》（社会科学版）2009年第 1 期。

学习和交流，发挥榜样效应；社会企业、NGO 等应协助职业健康服务的执行。在整个场域关系中企业充当着职业健康服务管理任务的执行者，政府、工会、同行和媒体等组织通过规范、规则和文化这种强制化或者非强制化的手段让企业成为这一责任的执行主体。同时制度化规范也充当使能者的角色，使企业在职业安全健康服务管理任务的执行中充分发挥能动性。社会企业、NGO 等支持和协助职业安全健康管理的实现。

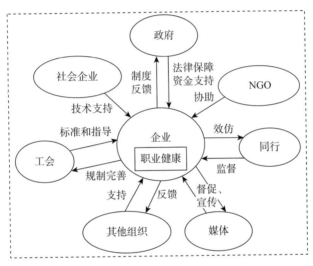

图 6-1　职业健康服务主体关系和参与模式场域

在社会管理高度复杂的今天，职业安全健康服务管理工作需要多个部门齐抓共管，发挥合力。职业安全健康服务管理的多元协同模式不仅仅涉及政府和企业，还涉及方方面面。然而，即使各部门分工明确、边界清晰，相互间有效的衔接也会存在问题，这也是当今政府改革需正视的问题。在职业安全健康服务的多方协同过程中，搭建企业与各种制度、规则制定者及其他组织间的沟通交流平台，做好组织间的沟通衔接是满足职业安全健康服务管理这项公共服务需求的必然选择。多元协同与合作治理强调了两个方面的特征。一是主体的多元化。治理主体除政府部门外，其他一切可能参与进来的多元主体也应承担相应的责任。同时，多元主体主要是通过合作、协商的途径共同对社会公共事务进行管理。治理主体的多元化打破了治理过程中权力的运行向度，它不再是单一的和自上而下的过程，而是多元的、相互的双向循环模式。二是关系的依赖性。在合作治理模式中，没有哪一个主体拥有足够的资源和能力来独立治理公共事务。各主体在运行的过程中只有相互补充、互通有无才能有效地治理社会事务。[①]

　　要使农民工职业安全健康成为一种公共服务，必须对当前的管理制度进行变迁。道格拉斯·诺斯从新制度主义理论出发，认为制度变迁或创新主要有两种途径：强制型制度变迁与诱致型制度变迁。目前，由政府主导的强制型制度变迁已经产生了一系列有关职业安全健康服务的制度，主要有《中华人民共和国劳动法》《中华人民共和国合同法》《中华人民共和国工会法》《中华人民共和国职业病防治法》《国务院关于特大安全事故行政责任追究的规定》《工厂安全卫生规程》《企业职工伤亡事故报告和处理规定》《危险化学品安全管理条例》《工会参与劳动争议处理试行办法》《工会劳动法律监督试行办法》《基层（车间）工会劳动保护监督检查委员会工作条例》《工会小组劳动保护检查员工作条例》《有害作业危害分级监察规定》《粉尘危害分级监察规定》《劳动防护用品管理规定》《职业安全健康管理体系指导意见和职业安全健康管理体系审核规范》《中华人民共和国尘肺病防治条例》《职业病范围和职业病患者处理办法的规定》等，总共有 50 多部法律规定覆盖职业安全健康服务。从形式上看，我国在职业安全健康服务方面的制度设计比较全面。但是，作为强制型制度变迁所产生的效果来看，制度的制定往往只是制度变迁的初始环节，关键还得查验制度实施所带来的变迁结果。以上法律在一定程度上均

---

① 樊慧玲、李军超：《嵌套性规则体系下的合作治理——政府社会性规制与企业社会责任契合的新视角》，《天津社会科学》2010 年第 6 期。

普遍存在执行力不足的问题。这一问题似乎不是通过强制性的制度创新就可以解决的。何况与农民工职业安全健康服务密切相关的制度规定几乎都存在法律效力比较低下的问题，还未能上升至执行效力更高的法律层面，更多地停留在办法、条例、规定、规范等层次，在执行过程中这些制度规定得不到相关部门的重视。当然，也存在法律的规定与企业的实际操作不相吻合，不同的法律规定互相"打架"的情况。因此，采用强制型制度变迁似乎并不能解决目前企业在农民工职业安全健康服务中存在的现实问题。

企业的制度变迁不仅涉及强制型制度变迁，也涉及诱致型制度变迁。在政府设计的强制型制度下按照法律规定进行企业自身的制度设计显然是一种强制型制度变迁。当然，这种具有普遍性、强制性的制度变迁不能有效地体现企业自身的制度创新能力。唯有企业结合自身行业特点、能力资源特点进行的制度创新才能体现企业的制度创新能力和水平。每个企业在农民工的职业安全健康服务中所面对的现实条件差异明显，用"一刀切"的制度规划难以实现制度本身所指向的目标。因此，鼓励企业在实现农民工职业安全健康服务中的诱致型制度变迁显然是非常必要的。

当然，企业自身所开展的诱致型制度变迁离不开强制型制度变迁所确立的框架和原则。因此，构建农民工职业安全健康的公共服务体系需要建立强制型制度变迁与诱致型制度变迁的协同机制，不仅从政府层面促进农民工职业安全健康制度的拓展和完善，而且企业及相关主体在管理实践中也需要进行创新性的制度扩展。

四　农民工职业安全健康服务的制度创新

企业自身在提供农民工职业安全健康服务中心有余而力不足的情况，需要企业之外的力量参与解决。由此，如何建构政府、企业和除政府、企业外的第三方力量（或称为第三部门，包括各类社会团体）在农民工职业安全健康服务中的平衡关系，将是农民工职业安全健康服务制度创新的关键。

基于政府、企业和第三部门合作共治的视野，农民工职业安全健康服务的制度创新需要从以下几个方面入手：①职业安全健康工作的顾问及信息咨询制度；②职业安全健康培训制度；③职业伤病保险和社会保障体系的协同制度；④微型企业、中小企业和非正规经济主体的资源支持机制；⑤政府和企业围绕职业风险或危害的源头治理、控制、评估，及职业安全健康文化建设的协商制度；⑥以工会为主的相关社会团体的服务制度；⑦政策效力公示制度。

现有的农民工职业安全健康服务中存在的问题如下：企业不能或不愿承担对农民工的社会责任，工会与相关社会团体在维护农民工职业安全健康权益上缺位，监督不到位。由此，农民工职业安全健康服务的多元主体参与的合作共治规范模式具有如下特征。[1] 第一，以解决农民工职业安全健康服务中的问题为合作导向。这就要求农民工职业安全健康服务的相关主体能够实现信息、知识共享。第二，农民工及代表参与决定过程的所有阶段。第三，超越传统的政府和企业的责任。在新的制度安排中，政府不再只是监管者的角色，即使是监管者，也应进行心智模式的更新。企业不能只追求经济利益，而不顾职工利益。第四，地方政府应有担当。地方政府应该是多方利害关系人进行协商的召集者和动员者，激励多方主体共同参与。

该模型假设参与农民工职业安全健康服务的主体能够合作、功能互补、相互监督、分配合理职能。不管是地方政府还是企业和工会都能有效地意识到担负社会责任的意义。七项创新的制度均需要各个主体之间的合作治理，只有这样才能保证制度的绩效。

---

① 〔美〕朱迪·弗里曼：《合作治理与新行政法》，毕洪海、陈标冲译，商务印书馆，2010，第34~35页。

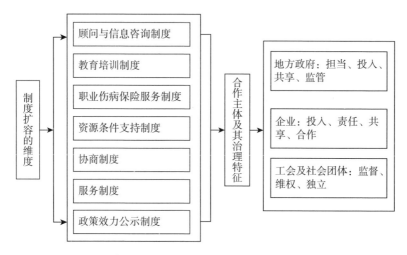

图 6 - 2 农民工职业安全健康服务制度创新的合作模型

农民工职业安全健康工作的顾问与信息咨询制度。承担农民工职业安全健康工作中顾问与信息咨询任务的主体可以是地方政府、企业或工会和其他社会团体。这些主体可通过设立专职的职业病医师定期或定点为农民工开展职业疾病的预防和干预工作，地方政府担负各种计划性项目或活动信息宣传职能，更是可定期组织农民工职业安全健康方面的讲座、座谈或联席会议。

农民工职业安全健康教育培训制度。长期以来，农民工职业安全健康培训的任务主要由企业来担负。特别是对于雇佣制下的农民工，用人单位和用工单位的培训教育责任比较模糊，双方都有在农民工职业安全健康教育培训中节约成本的倾向。在有的国家，由政府和社会团体出面提供职业安全健康服务培训解决了用人单位和用工单位之间的成本博弈问题。

职业伤病保险服务制度。2009 年，国务院办公厅印发的《国家职业病防治规划（2009—2015 年）》中明确规定要将稳定就业的农民工纳入城镇职工医保体系。这一规划如果能在各行业的企业中落实，一定程度上能够缓解企业承担的农民工职业伤病治疗费用的压力。职业安全健康服务的分类提供设想（不同行业采取不同的工伤缴费比例）可以在制度创新中进行实践，当然这一设想的落实需要政府在提供农民工职业安全健康服务过程中进行组织流程的再造。德国在职业安全与健康服务中的举措一定程度上可以供我国借鉴。德国把职业安全与健康纳入工伤保险，实行保费与工伤事故挂钩的制度。如果工伤事故是责任事故，则下一年的保费会大大增加。

微型企业、中小企业和非正规经济主体的资源条件支持制度。在我国，微型企业、中小企业和非正规经济主体在整个国民经济中发挥着重要的作用。微型企业、中小企业和非正规经济主体由于自身资金和资源实力的情况往往会选择劳动力相对低廉的农民工。这些企业迫于资源匮乏，获取短期利益是其理性的选择，因而在用工过程中大多不能为农民工提供合法的劳动安全健康防护，遑论主动采用先进技术改善劳动条件。一旦出事，这些企业可能倾家荡产也难以履行对农民工及其家属进行赔付的义务。因而，建立微型企业、中小企业和非正规经济主体的资源条件支持制度是维护我国经济健康发展的必要举措。这种支持不仅来源于政府，同时也来源于社会中的各种力量。

围绕职业风险或危害的源头治理、控制和评估及职业安全健康文化建设的协商制度。目前危险源辨识中存在"重安全，轻健康"的现象。这是因为相关监管部门非常重视"安全生产"，而忽视或轻视职业健康。在职业风险或危害的源头治理、控制和评估以及职业安全健康文化建设过程中，仍然存在各自为政，各自只从自身的便利性、轻易性角度来进行管理的问题。处于职业安全健康危害第一线和作为直接利益相关者的农民工却没有相应的制度促使其参与安全健康的制度建设。农民工的公民意识和职业安全健康认知水平比较低下，不足以在制度建设过程中发出声音，也没有一种替代性的主体为其伸张正义。当国家和企业在农民工职业安全健康服务中出现双重失灵时，一种多元主体参与的协商制度尤为必要。它不仅需要政府和企业的参与，也迫切期望职业安全健康服务的直接利益相关者以及各类社会团体的充分参与。这一协商制度期望能够整合各方力量，培育和建设农民工职业安全健康信息共享、培训支持、合作治理的预防性企业文化。

以工会为主的相关社会团体的服务制度。工会能否在企业中发挥效用受到工会自身的地位、工会成员的素质、工会的独立性、领导重视程度等因素的影响。企业中的工会由企业自身领导兼任，实际上是"自己监督自己"，在生产性目标压倒一切的运作模式下，工会应有的功能往往趋于萎缩。把工会看作"调解家庭矛盾"、"解决职工与企业之间的冲突"或"组织职工开展集体活动"的机构是一种选择性利用工会职能的范本。当利益纠葛或矛盾凸显时，在企业的管理模式下原本能够发挥黏合剂作用的工会，却因自身尴尬的身份和地位而成为摆设。创新以工会为主的相关社团进行农民工职业安全健康服务的制度，不仅要求工会实现独立性主体角色功能，还要求其他多元社会团体能在这一公共服务的提供中发挥监督、支持和合作等作用。

政策效力公示制度。"上有政策，下有对策"的政策法规执行中的"尴尬局面"会导致政策法规执行效力低下，进而出现政策法规失灵的现象。实际上，我国已有的关于农民工职业安全健康的政策法规，已经在覆盖面上达到政策法规制定的初衷。但政策法规执行中的追踪反馈如若不能有效体现公开、透明的原则，制定再好的政策也是徒劳。对于上级主管部门，下属单位疲于应付各类检查，检查工作一结束，一切恢复往常，该整顿的部分仍然没有改观。创新每一级单位的政策执行效力公示制度，可以在一定程度上提高农民工职业安全健康服务制度的执行力度。

当然，农民工职业安全健康的制度扩容不止以上七个维度。本书从实践理性角度提出的结构调整构想也必然遭遇挑战。鉴于当前农民工职业安全健康服务实现中的各种困境，以上七项制度拓展的思考相对而言是易于落实的，也是实现农民工合法权益的制度性保障。农民工职业安全健康服务的结构性调整，肯定会涉及利益主体之间的博弈。在这场博弈当中，应该秉持何种道德和伦理立场，选择什么样的政策取向是制度扩容的关键议题。因此，农民工职业安全健康服务制度旨在实现以平等的社会经济权利、共享的职业安全健康制度、负责任的职业主体和合理的劳资张力为核心的道德诉求。

第二编

职业健康服务管理场域构建

本篇由七篇对职业健康相关问题讨论的论文构成，既有宏观视野又有微观视野，但都是基于职业健康服务管理场域构建的讨论展开，其中对职业健康服务问题中较为突出的农民工职业健康问题做了深入、重点讨论。

职业安全健康问题，最为重要的是劳动保护、风险控制和安全监管等方面的服务，从这几个方面考察农民工职业安全健康的供给状况发现，农民工在职业安全健康服务方面得到的保障普遍低于正式员工，相应的安全健康服务管理完善程度也低于正式员工，职业安全健康服务相关条件的供给状况与正式员工相比具有明显差异，而且企业对二者的重视程度也存在差异。农民工职业安全健康成为突出的问题，其宏观因素与中国长期发展过程中形成的城乡分割体制相关；中微观层面原因则主要在于企业是经济体以及农民工流动性强。未来的中国农民工将是产业大军的重要力量，企业承担农民工职业健康服务管理，是中国社会发展也是中国企业战略发展的必然要求。提升农民工职业安全健康服务管理水平，依赖于企业把农民工职业安全健康服务管理上升为社会责任，也需要政府与社会构建促进农民工职业安全健康服务管理的公平机制。

职业安全健康服务是企业社会责任的重要组成部分，更是所有企业社会责任的基础，这种责任由相关的一系列法律法规及政策制度来规定。然而，企业职业安全健康服务社会责任的履行深受企业外部社会文化、制度的推动等因素的影响，也受企业内部各种限制因素的制约，呈现出特有的变动模式。企业自身经济实力与发展规模根本性地决定着其职业安全健康服务社会责任的履行程度。与理想化的制度规定、要求相对照，实际履行状况与制度要求之间必然存在无法避免的差距的问题。社会进步要求缩减这一差距，企业唯有切实履行其职业健康服务社会责任才能具有生存与发展的合法性基础。

关于职业健康服务的问题，从雇主的角度看，是把组织成员看作人力资本，而从雇员的角度看则是强调从事职业活动的社会成员有职业健康服务权。就前者而言，确实是企业的责任，因为企业为实现利润而获取的人力资源的职业健康需要得到保障；但从后者讨论，就应该是政府的责任。我国企业对组织成员的职业健康服务关注及重视程度不够，制度规范与具体预防保障措施较为缺乏，企业开展职业健康服务的内外部环境及资源的制约也是重要原因。职业健康服务的实现，需要企业主动承担相应的企业社会责任，视其为发展的战略性责任；也需要政府与社会进一步根据"健康中国"战略发展需要承担相应的责任。

其实任何组织都存在职业健康相关问题，组织的专门性工作常常意味着组织成员的"职业性"工作任务可能导致人的身体某些方面"过载"而出现职业性疾病。职业健康服务是每一组织的基础性社会责任，同时又具有公共性特性，将其置于组织场域中理解能更好地解决发展过程中的难题。在职业健康服务组织场域中，各主体能围绕职业健康服务发挥各自的功能，在相互依存和支持中实现资源的合理配置和利用，促进职业健康服务这一社会责任目标的圆满实现。此外，更重要的还在于可以建立各主体间相互依存、发挥各自功能并协调合作的职业健康服务系统。在企业承担相应责任的基础上，政府应担负起公共性责任，理顺政府、企业和工会为主的社会团体之间的职责分配关系，同时注意以政策、资金等多种方式广泛促进第三方社会组织的参与。相信在中国目前正在推进的"健康中国"的战略背景下，职业健康服务问题会越来越受到社会各方的高度重视。

第七章

农民工职业安全健康服务的供给现状[*]

—— 基于某大型国有有色金属企业的调查

长期以来，重大工伤事故屡屡发生与职业病人数居高不下是影响我国经济社会发展的突出问题。国家曾多次强调要"切实保障职工获得劳动安全卫生保护的权利"[1]，降低生产安全事故和职业病对劳动者的危害。近些年，许多企业雇用大量农村户口，且非正式在编员工（以下简称"农民工"）。农民工工伤事故和接触职业危害因素的人数逐年增加，这不仅不利于农民工的身体健康，也会对用人企业产生不利影响，还会由此引起社会层面的不安定因素。本文通过对某大型国有有色金属企业中工作的正式员工与农民工两种身份员工的比较，了解农民工职业安全健康服务的现状及存在的问题，旨在为实现和保护农民工职业安全健康权益提供依据。

---

* 作者王彦斌、盛莉波，原文载于《环境与职业医学》2016 年第 1 期。

① 新华社，中共中央、国务院《关于构建和谐劳动关系的意见》，http://news.xinhuanet.com/2015 - 04/08/c_1114906835.htm，2015 年 4 月 28 日。

一　对象与方法

（一）调查对象

以某大型国有企业下属三个子公司员工为调查对象，分为正式员工和农民工。共发放问卷 501 份，回收 501 份，问卷回收率为 100%，其中有效问卷为 487 份，有效率为 97.2%。在 487 名调查对象中，生产部门共 416 人（农民工 202 人，正式员工 208 人，不详 6 人），85.4% 属于一线工人，工作中工人主要接触高温、吊装、粉尘和噪声等。

（二）调查方法

使用自编的"员工职业健康管理调查问卷"，获取相关职业安全健康服务和管理的基本数据；问卷的"职业安全健康服务供给"部分包含了劳动保护、风险控制、安全监管等相关问题。同时，进一步抽取不同工作种类（焊工、冶炼工、行车工及装卸工等）、体制内外（在编的正式员工与非正式在编的农民工）的企业员工进行访谈，以深入了解农民工和正式员工在职业安全健康服务等方面存在的差异。

（三）统计学分析

全部数据的管理和计算均通过 SPSS19.0 完成，主要通过对正式员工与农民工的比较方式进行描述性分析。同时，从劳动保护、风险控制、安全监管三方面对所获得的数据进行统计，预分析时发现，其中两个子公司所反映出的情况接近，故将其合并为"企业 1"，并将另一子公司命名为"企业 2"，以此进行比较分析。

二　结果

（一）安全监管情况

在安全监管方面，企业主要通过制度设立、安全教育和生产监管等措施实现相应目的。为了能及时发现生产安全及职业健康隐患并采取措施及时排查，企业在每个部门都设立了专职的安全员，并对其进行严格和专业的教育、培训，从级别、待遇等方面给予保障；要求安全员每天下一线对员工进行安全教育和安全检查，履行指导、监督和检查的职责。实际工作中，安全员在现场隐患的整改、危险源的监控、作业人员的安全教育等方面发挥监管作用。企业在安全监管方面能够注意与国家法律法规对接，监管工作比较到位。其不足主要表现在劳动保护和风险控制两方面。

（二）劳动保护情况

由于被调查企业的行业性质和员工所从事工种的特点，作业环境存在大量的危害因素，企业提供的劳动保护状况反映了其对员工进行职业安全健康管理的水平和责任意识。因此，除了必要的安全健康知识培训外，防护设备可在一定程度上降低工作中的风险和意外，保护员工的人身安全。

1. 防护设备配量情况，由表7-1可见，有职业病防护设备的农民工比例较正式员工低 32.1%。企业1和企业2中农民工防护设备平均配有量低于正式员工。农民工对防护问题的总知晓率较正式员工低（$\chi^2 = 41.943$，$p < 0.01$）

表7-1　不同类别员工及企业职业病的防护设备配置情况

类别		人数	配有数量	配备率（%）
人员	农民工	189	84	44.4
	正式员工	200	153	76.5*

类别			人数	配有数量	配备率（%）
企业	企业 1	农民工	114	27	23.7
		正式员工	16	6	37.5*
	企业 2	农民工	75	57	76.0
		正式员工	184	147	79.9*

注：与农民工比较，χ^2检验，$p < 0.05$。

　　农民工与正式员工对企业所提供的防护设施种类的选择情况相当，企业提供最多的是有关尘肺病的防护设施，其次是中毒、眼病、耳鼻喉疾病和放射性疾病的防护设施。企业根据易患职业病的风险率和工种性质提供相应的防护设施。

　　2. 基本防护用品的供给　在调查中，当问及"工作过程中需要使用防护用品吗"，98.5%的农民工和96.1%的正式员工都认为在工作过程中应该使用防护用品来保护自身安全。企业所提供的免费防护用品中，安全帽、防护手套、防护鞋的比例最高，其次是眼防护用品和呼吸护具。企业免费提供给正式员工和农民工的防护用品种类差异无统计学意义（$p > 0.05$），但参与临时特定工作的农民工就缺乏相应的防护用品。访谈中，农民工 L1 提及："我们这一块需要安全帽、安全服和鞋，其他的就要看工作种类，比如防护镜之类的。但是我们没有，就只是平常的劳保用品。"

　　3. 员工防护用品的来源、获取渠道由表 7 - 2 可见，89.3% 正式员工的防护用品是由企业免费提供的；对于农民工来说，仅有49.3%的人可以免费获得企业提供的防护用品，而 6.4% 和 44.3%的人需要自行购买全部或部分防护用品。农民工与正式员工防护用品的获取渠道差异有统计学意义（$\chi^2 = 76.610$，$p < 0.01$）。企业 2 中 89.1% 的员工可免费获得防护用品，比企业 1 高 55.5 个百分点；企业 1 和企业 2 的员工防护用品来源差异有统计学意义（$\chi^2 = 137.192$，$p < 0.01$）。企业 2 中，农民工与正式员工防护用

品的获取渠道差异有统计学意义（$\chi^2 = 14.845$，$p < 0.01$），77.9%的农民工和93.6%的正式员工均可免费获得防护用品，需"自己购买"和"部分自己购买"的总数分别为22.1%和6.4%；企业1中，68.5%的农民工和58.8%的正式员工需"自己购买"和"部分自己购买"防护用品，两类员工获取防护用品的渠道差异无统计学意义（$\chi^2 = 0.757$，$p = 0.685$）。

表 7-2　不同类别员工及企业防护用品的来源情况

类别		项目	回答"是"	比例（%）
人员	农民工	免费提供	99	49.3
		自己购买	13	6.5
		部分自己购买	89	44.3
		合计	201	100.0
	正式员工	免费提供	183	89.3
		自己购买	3	1.4
		部分自己购买	19	9.3
		合计	205	100.0
企业	企业1	免费提供	49	33.6
		自己购买	14	9.6
		部分自己购买	83	56.8
		合计	146	100.0
	企业2	免费提供	237	89.1
		自己购买	3	1.1
		部分自己购买	26	9.8
		合计	266	100.0

在企业提供的除防护用品之外的其他劳动保护（如津贴、实物及其他劳动保护等）方面，26.6%的农民工未获得企业所提供的津贴、实物及其他劳动保护；正式员工未获得其他劳动保护的比例仅有1.1%，农民工与正式员工的差异有统计学意义（$\chi^2 =$

48.159，$p < 0.01$）。同时，企业 1 对员工的其他劳动保护力度低于企业 2 （$\chi^2 = 94.965$，$p < 0.01$），37.2% 的员工未获得除防护用品之外的其他劳动保护。企业 1 中农民工未获得其他劳动保护的比例为 42.7%，农民工和正式员工所获的劳动保护力度差异有统计学意义（$\chi^2 = 5.927$，$p < 0.05$）；而企业 2 的农民工则 100% 获得了相关劳动保护，其中，企业 2 的 58.6% 的农民工获得的是津贴，24.1% 的农民工获得的是实物，其比例均远远高于企业 1 的农民工。

（三）风险控制情况

82.7% 的正式员工和 64.5% 的农民工都指出企业会定期检查防护设备，知晓企业对防护设备和设施进行定期维护可增强工作的安全性。对于企业有无降低安全健康危害设备的知晓度，农民工回答为"没有"或"不知道"的比例比正式员工高 20%（$\chi^2 = 8.996$，$p < 0.05$）。农民工与正式员工均认为，企业为了提高工作的安全性会定期淘汰一些老技术（工艺、设备和材料），但正式员工对企业此行为的知晓度要远高于农民工，认可比例为 62.5%。

企业在员工工作的主要场所设置了安全通道，以便发生紧急情况时供逃生使用。对于"您所在的公司有突发安全事件的应急措施吗"的问题，大部分的农民工和正式员工对企业突发安全事故应急措施的知晓度较高。但在应急措施的制订过程中，员工的参与度不高，79.4% 的农民工未参与过相关安全事故应急措施的制订，农民工的参与情况与正式员工的差异有统计学意义（$\chi^2 = 31.422$，$p < 0.01$）；同时不同企业农民工参与情况存在差异，企业 2 中 34.2% 的农民工能够参与应急措施制订，该比例比企业 1 的农民工高 20%。

三 讨论

本次调查的企业在安全监管方面能够按照国家法律法规处理好相应的监管工作；同时注意在劳动保护方面保证基本防护用品的供给，但未能保证临时调换工作员工的防护问题，由于存在用工体制的差别，两类员工防护用品的来源、获取渠道不同；在风险控制、企业应急救援措施的制定以及安全教育等方面，农民工的参与情况存在企业差别。

作为一个大型国有企业，其职业安全健康工作总体情况较好，但也存在农民工职业安全健康服务相对不足的问题。[1] 在该企业实施的农民工职业安全健康服务管理方向，各子公司在重视程度、管理理念、领导思路、工作侧重点、经济效益等方面的不同，使得对农民工进行的职业安全健康服务存在差异。企业对员工的职业安全健康服务重视程度较高，管理层对员工职业安全健康理念持认同和理解的态度，领导具备一定的认知和能力，职业安全健康制度的设计和执行能较好地平衡企业和员工之间的利益和需求，则农民工所获得的职业安全健康服务的状况和结果较为理想。

体制的原因导致农民工群体工作不稳定，他们容易形成职业的"暂时性"心理[2]，而产生自我对职业安全健康的"忽视"；同时，农民工群体受教育程度相对较低，自我保护意识较差，其对用工风险、安全和健康防护认知不足，对企业所制定和执行的管理制度容易产生不积极、不关心、不过问的心态。上述问题不仅会危害农民工的切身利益，也会给企业的职业安全健康服务带来阻碍。

[1] 王彦斌、李云霞：《制度安排与实践运作——对企业职业健康服务社会责任的社会学思考》，《江海学刊》2014 年第 2 期。

[2] 国家统计局：《2013 年全国农民工调查监测报告》，http://www.stats.gov.cn/tjsj/zxfb/201405/t20140512_551585.html，2015 年 6 月 24 日。

国家统计局发布的"全国农民工调查监测报告"显示，2014年我国农民工总量达 27395 万人。[1] 他们为我国经济发展提供了大批劳动力，填补了制造业、建筑业、批发和零售业、餐饮业等劳动密集型产业的岗位空缺，为社会创造了大量财富，劳动力转移的经济效益明显。[2] 然而，农民工所从事的职业，大多数劳动强度大，工作环境恶劣，是发生职业病的高危人群。降低农民工职业伤害，维护其职业安全，既是保障劳动者生命权、劳动权等合法权利实现和劳动者职业安全治理的重要前提[3][4]，也是中国社会发展和中国企业战略发展的必然要求[5]。

---

[1] 国家统计局：《2014 年全国农民工监测调查报告》，http://www.stats.gov.cn/tjsj/zxfb/201504/t20150429_797821.html，2015 年 6 月 24 日。

[2] 沈汉溪、林坚：《农民工对中国经济的贡献测算》，《中国农业大学学报》（社会科学版）2007 年第 1 期。

[3] 郝万奇：《劳权保障安全生产回归职业安全》，《长沙大学学报》2010 年第 1 期。

[4] 舒德峰：《问题与对策：我国劳动者职业健康权保护探讨》，《山东大学学报》（哲学社会科学版）2012 年第 3 期。

[5] 王彦斌：《农民工职业健康服务管理的企业社会责任——基于企业战略性社会责任观点的讨论》，《思想战线》2011 年第 3 期。

第八章

"一企两制"下的农民工职业安全健康服务管理[*]

2015年4月，中共中央、国务院《关于构建和谐劳动关系的意见》正式颁布，其中在第6条中特别提到要"切实保障职工获得劳动安全卫生保护的权利"[①]，最大限度地减少生产安全事故和降低职业病危害。这表明我国政府已经把职业安全健康问题提到了重要的议事日程。多年来，重大恶性工伤事故与职业病病人人数居高不下一直是困扰我国经济社会发展的难题。[②] 当前农民工在我国的产业工人中已成为重要的组成部分，农民工职业健康问题必须引起充分的重视，忽视这方面的问题不仅会对农民工本人的身体健康造成不良影响，也会在用工的企业层面上出现不利影响，还可能引起社会层面的不安定并引发更多的社会性事件。本章基于对一个国有企业的调查资料，对农民工的职业安全健康状况的体

---

[*] 作者赵晓荣、王倩，原文载于《云南行政学院学报》2016年第1期。

[①] 中共中央、国务院：《关于构建和谐劳动关系的意见》，http://news.xinhuanet.com/2015-04/08/c_1114906835.htm，2015年4月8日。

[②] 王开玉：《安全发展的实践与思考》，《国家安全生产监督管理总局调查研究》2006年第4期。

制性影响因素进行讨论。[①]

一 农民工的职业安全健康服务状况

据中国疾病预防控制中心公布的最新可查数据，我国的职业健康检查覆盖率在国有和外资企业大约为 30%，中小企业在 3% 左右，平均覆盖率不到 10%。[②] 2014 年全国职业病报告表明，截至2014 年 8 月 31 日，全国共报告各类职业病新发病例 15871 例。[③]由于农民工要进入大型企业比较困难，所以中小企业是他们就业的首选，但中小企业对农民工安全管理方面的投入较少，而农民工的流动性较大，所以我国农民工实际新发职业病的人数要远远高于现有的人数统计。下面是基于对某省农民工职业安全健康服务做得较好的一个国有大型企业的调查分析。调查发现，农民工在职业安全健康服务方面得到的保障普遍比正式员工差，相应的安全健康服务管理完善程度也较正式员工低。

（一）农民工职业安全健康服务条件普遍比正式员工差

一般情况下，中国企业中的员工主要分为两类：劳务工和正式工。正式工是指与企业签订了用工用人合同并存在合法劳动关系的人员。而劳务工则是被用人单位招用从事相应工作，但不存在劳动关系的工人，从企业的角度讲就是与企业存在用工关系但

---

① 该项调查实施的时间为 2013 年 3 月至 2014 年 3 月，其中对普通企业员工采用问卷调查的形式样本为 550 个，有效回收样本为 501 个（正式员工 260 人，农民工241 人），样本有效回收率为 91%；访谈样本包括政府相关管理负责人、企业相关管理负责人和 20 余名农民工。收集调查的数据资料及访谈资料分别运用 SPSS软件和 Nvivo 软件进行处理分析。由于篇幅有限，在此仅呈现调查结果。

② 朱平利、魏想明：《我国农民工职业安全问题与对策》，《开放导报》2012 年第5 期。

③ 中国疾病预防控制中心职业病监测与信息政策研究室：《2014 年全国职业病报告工作会议在成都召开》，http://www.niohp.net.cn/sndt/ 201409/t20140930_105012.html，2014 年 9 月 30 日。

没有用人关系的工人。在中国的社会背景下被称为"农民工"的人就大多属于劳务工。由于用人关系不在企业内，企业对他们没有完全的责任，所以一般而言，他们的酬薪、福利和社会保障也就和正式工有所区别。同时调查表明，无论从职业健康危害辨识、职业健康培训、职业健康体检来看，还是从工作场所来看，企业对正式工的重视程度要远远高于对农民工的重视程度。在涉及农民工职业安全健康方面，最为突出的是工作场所的问题。企业中的生产部门是接触有毒有害物质最多的部门，其生产环境中存在大量的粉尘颗粒、化学性有毒气体等，存在导致职业病发生的隐患。对于生产企业来讲，这些可能给工人带来职业安全健康危害的因素是现实存在且无法消除的，只能通过有效的防护措施使之对员工的伤害降到最低。调查表明，大多数农民工都工作于生产部门，他们所从事的工作相比正式工来说会更高危、更艰苦，工作量更大，工作时间更长，罹患职业病的风险率更高。从工作环境看，企业是一种生产单位，其生产环境中不可避免地存在各种可能不利于员工身体的因素，诸如噪声、粉尘、强光，以及高空坠物、烫伤、有毒有害气体等。农民工在生产部门工作的人数比例要高于正式工，这必然导致农民工群体整体的职业健康环境条件差于正式工。

同时从调查结果看，企业本身是一个经济性实体，组织目标主要是创造生产效益，因而更注重的是职业安全方面的"不出事故"，保证生产能够顺利进行。由于生产场所存在烫伤、高空坠物以及其他直接造成人身伤害的危险，安全服、安全帽、安全手套和安全靴等是工作场所要求的必需的基本防护用品，企业中明确规定任何人没有相应的安全保护措施不能进入生产场所。然而，职业健康安全防护方面的所作所为相对就显得弱了。随着时代的进步，企业在设备改造更新过程中注意到职业健康的相关因素，会根据易患职业病的风险率采用相应的防护措施。这使得近些年的设备噪声控制和粉尘控制较前些年已得到明显改善，但企业在降低职业病危害防护设施方面确实有配备不足的问题，诸如对于降低噪声、减少粉尘和避免毒气危害等问题，企业能提供的个人防护用品主要就是耳塞和口罩。从防治的效果来看，其结果并不理想；加上一些人健康防护意识不足，嫌防护用品累赘，不愿意使用，这更使得他们的职业健康受到较大影响。一些农民工谈及企业在职业病控制这方面所做的工作时都反映做得不够，认为企业在现有条件下并未采取保护健康的措施。就实际调查看，企业在员工工作前强调最多的还是人身安全方面的事宜，职业病防治被直接或间接忽略。相比较而言，大量苦脏累的工作是农民工承担的，也确实存在一些农民工学习知识进度缓慢导致安全意识较低。同时，在对人力资源部门工作人员的访谈中了解到，企业对农民工群体职业健康的重视度不够，最主要原因是农民工不是正式员工，工作流动率高，离职率高，因而在他们身上花费太多浪费成本。企业在员工职业病方面的防治工作即职业健康问题已成为我国农民工群体共同面临的一个严峻问题。

（二）农民工的职业安全健康管理监管相对不完善

职业安全健康管理涉及劳动者个人的方面，主要包含劳动者工作期间体检和后期预防两大方面。前者主要是职业健康状况的例行体检和特殊情况的检查，而后者则主要从评估和预测、评价后的预防、雇主对劳动者安全健康的责任、建立职业健康档案和人事安排等几个方面体现。基于农民工管理的特点，在此仅以例行体检和职业健康档案建立的情况进行分析。

如果说当农民工进入企业后他们的职业安全健康的相应条件与正式员工有差距仅仅是由于工种原因的话，那么从职业安全健康管理的完善程度方面也可以发现一些问题。职业安全健康管理有两个重要方面：一是员工工作中的职业安全健康过程管理，二是员工在工作期间及之后的身体健康状况结果和职业健康档案管理。前者由于工作环境的问题在农民工和正式员工之间情况差别不大，但后者的差别就突出多了。

调查结果表明，在工作过程中受过伤和没有受过伤的农民工和正式工几乎各占一半。而在工作中最容易遇到的安全危害，农民工和正式工的选择结果是一致的，粉尘、噪声和机械故障伤害已成为威胁企业员工身体健康的主要因素。在调查中也了解到，若完成不了每个月的工作任务就要加班，加班时间根据工作量的多少而定。工作强度大，工作时间长，会导致工作疲劳，增加农民工群体受工伤的风险。

由于生产企业的特点，从事相应的工作不可避免地会面临职业安全健康方面的隐患，因此员工在工作期间及之后的职业健康状况管理尤为重要，它可以降低罹患职业疾病的可能性以及对相应疾病防患于未然。最重要的就是工作期间的职业健康检查和预防以及相关档案的建立等。调查结果表明，从企业安排员工体检的情况来看，有48.9%的农民工从来没有参与过健康体检，数量可谓不少。据对该企业的进一步了解，企业每年都会安排一次员工体检，只是这种体检是从管理的角度以年度期间计算总量上的所有员工而非具体的每一位员工。关于职业安全健康体检档案建立的情况，调查资料表明，企业员工是否有职业健康档案，农民工中选择"有"、"没有"和"不知道"的各占1/3。而正式工几乎都有职业健康档案，只有少数刚参加工作的暂时没有。据该企业安监管理负责人介绍，对每一个职工，企业都要建立相应的职业健康体检档案，对员工来说这是一个健康参考，对企业来讲这是一个重要的安全健康管理依据。通过对具体情况的了解后我们发现，无论什么员工如果工作满一年是一定要体检的，体检后就会建立相应的职业健康档案，由此每一位正式员工肯定能够得到一年一次的健康体检，而农民工由于流动性相对较大就难以实现年度体检，因为有的农民工到企业工作不到一年，甚至不到半年，最短的仅仅一个星期就离开企业。这也使得对于部分农民工来讲是难以建立相应的职业安全健康体检档案的，因为他们没有在企业待到相应长的工作年限。由此而致的结果就是，如果一些农民工在企业从事相应工作的年限不足，他们即使是由于在企业从事相关工作患上职业病，也是不可能得到相应的体检待遇以及建立具有法律效用的职业安全健康体检档案的，这就为日后他们的职业健康保障带来了隐患。农民工职业健康管理中存在的另一个重要问题是，尽管企业给农民工配备了职业危害防护设备，但一些农民工缺乏自我保护的意识，没有形成良好的职业健康习惯。调查发现，一些农民工还由于不遵守企业的安全健康规定、不按规定穿戴安全服和安全帽等防护用品受到企业的处罚。许多农民工都不重视劳动过程中的个人防护，虽然企业采取一定的职业防护措施能起到预防职业病的作用，但企业要采取足够的预防措施也比较困难，这必然导致他们罹患职业健康疾病的危险增大。当前，农民工群体已成为我国面临职业危害的高危人群，患上职业病的概率大大提高。

二 农民工职业安全健康服务管理
不足的体制性因素

2009 年河南农民工张海超以"开胸验肺"方式证明自己罹患职业健康疾病，此后农民工职业安全健康问题也成为社会各界关注的重要议题。其实，农民工的职业安全健康服务管理得不到有效保障是一个体制性的问题，只有在体制上捋顺，职业安全健康服务供给的差异才会得到真正的消减。

（一）宏观层面的主要因素是城乡社会差别体制

农民工职业安全健康成为突出的问题，2009 年河南的张海超"开胸验肺"事件成为焦点，农民工职业安全健康问题也开始成为社会各界关注的重要议题，此后国家安监局与卫生部门出台相关文件进一步规范农民工的职业安全健康管理问题。但这个问题，绝不只是一个简单的政府规范管理的问题，而是一个与中国长期发展过程中形成的城乡分割体制相关的问题。城乡分割体制的问题不解决，农民工的问题就难以得到彻底解决，农民工的安全健康问题亦然。

中国的农民工问题，是在新中国成立后形成的城乡二元体制下出现的。改革开放以前，农民是在农村活动的社会身份群体，主要的生产活动是农业劳动，他们的身份与职业劳动在某种程度上具有较强的一致性。改革开放以来，大量农民走出农村进入城市把自己变成了"农民工"，这源于他们是农民身份，但又没有从事耕田种地的农业生产活动。"农民工"是中国社会在转型过程中出现的一类特殊人群，他们的形成与中国既往的城乡二元结构有关，他们在城镇中的企业内工作但在标明身份的户籍属性上属于农村户口，他们以在城镇务工为基本的谋生手段但又在农村中拥有土地承包经营权。由于户籍和土地承包经营权的不重合，他们工作与生活的居所常常是分离的并呈现流动性，总是随着务工场所的变化而改变。也正由于这样的特点，一方面，他们在中国的城市里受到歧视，另一方面也具有更多的生存选择权。就更多的生存选择权而言，进，可以离开原来的农村到城市从事非农工作；退，可以回到具有土地承包经营权的农村从事农业生产劳动。

但从中国社会的发展来讲，城市化与工业化是一个具有不可逆性的进程，当前国家也在强势推进这个进程，也就是说农民进城务工是一个必然的趋势。对于那些具有进城意愿的"农民工"，社会应该创造一种有助于他们成为真正的"新工人"的条件，促使他们进城而非退农。成为"新工人"不能只是简单地在工厂中工作，也应该在各方面享受相关的待遇，其中职业安全健康对于农民工来讲是一个重要的方面。但他们无法享有社会原来设置的各种"非农业人口的"城市人应有的体制待遇和权利。有学者提出非市民概念来表达他们居住、工作、生活在城市却无法获得城市居民身份及权利的实际状况。①

近年来，国家在各方面加大了城镇化的改革力度，出台了一系列有针对性的制度，着力解决城乡二元分割的问题。然而具体到执行的过程中，城镇化并没有使农民变成真正意义上的工人及其他职业的城市人，只是在中国原来的城乡二元体制内把农民的户口由"农业人口"变成了"非农业人口"。这种转变其实是非实质性的形式转变，这些在国家加大力度改革过程中形成的"非农业人口"，大多数几乎不能从事真正的非农业工作，而其中的部分被当下人们称为"农民工"的人也由于各种准入门槛的制约无法进入城市的"正式体制"内。农民工难以进入的这种城市的正式体制并非人们常说的国有体制，而是一种既往制度的正式与非正式方式形成的城市体制，它涉及城市提供的各方面公共服务，诸如养老、医疗等社会保障和子女教育等。在许多地方还长期存在当地户口限制等规定。

农民工无国家层面的制度安排支持，他们自己也没有力量在城市获得相应的基本权利。这种状态的存在，使得其相应的职业安全健康问题就更容易被忽视，因为职业安全健康问题比起那些诸如就业、居住、医疗等问题显得不是那么急迫而且常常是隐性的。正因为如此，2006年《国务院关于解决农民工问题的若干意见》出台，其中对工伤事故和职业病及解决相关问题中的企业责任做了规定。此后，各级政府开展有关农民工的相关工作。2010年出台的中央一号文件特别强调，要"加强职业病防治和农民工的健康服务"，要求雇用农民工的企业切实承担起自己的责任。人力资源和社会保障部副部长杨志明在一次讲话中谈到工伤预防工

---

① 陈映芳：《"农民工"：制度安排与身份认同》，《社会学研究》2005年第3期。

作与工伤保险的问题时特别指出，针对农民工的安全健康保护，要重点做好劳动关系管理，使他们在劳动中切实得到健康保护，并且将有劳动关系的农民工全部纳入工伤保险范围。政府通过修订《工伤保险条例》和制定《社会保险法》，使工伤和患职业病的职工，包括工伤农民工在内，都享有工伤康复保障，到 2015 年真正建成预防、补偿、康复三位一体的现代工伤保险制度。①

（二）中微观层面的主要原因在于企业是经济体

从中微观层面探索农民工职业安全健康服务管理中存在的问题，可以发现问题主要在于两个方面：一是企业是经济体，二是农民工流动性大。就第一方面讲，企业是一个经济组织，它在社会中的首要功能和责任是最大限度地创造经济价值，提供质优价低的产品。要达成这样的功能和责任目标，就必须按照"经济理性人"的逻辑进行：最大限度地降低成本，最大限度地获取收益。近些年，一方面，"企业社会责任"不断成为外部压力，促使企业不得不把员工职业安全健康责任作为重要社会责任之一；另一方面，国家也从法律法规和政策层面进一步完善了职业安全健康管理的相关工作，使得全社会层面的职业安全健康服务管理有了法律法规和政策。这些方面的外部因素，作为企业生存与发展是否合法化以及获得合法性的一种重要外部条件摆在面前。

职业病可以分为"红伤"和"白伤"，前者就是人们常说的安全事故，由于有人身伤亡情况的出现，一旦发生就会引起社会各界的较高关注；后者具有隐蔽性和迟发性，其隐蔽性在于通常不会表现出伤人的"事故"，危害性易于被人们包括患者本人忽视；其迟发性则表现为企业管理中如果不做相关的预防，在一定的时间内是不一定有所表现的。对于大量中国企业来讲，面对职业安

---

① 《农民工职业健康谁来维护》，http://paper.people.com.cn/rmrb/html/2009-05/02/content_244319.htm，2009 年 5 月 2 日。

全健康服务管理的问题，不同的企业使用不同的方法解决这一问题。本次调查发现，企业在处理职业安全健康问题上更重视"红伤"而轻视"白伤"。一些小企业采用的方式是不与农民工签订劳动合同违法用工，即便用工也不给农民工购买相应的保险，不少企业连基本的工伤保险都不买。而这次具体调查的企业则是通过用工"外部化"来解决问题的。据这个企业所在省的省人社厅农民工处负责人介绍，该企业是农民工服务管理较好的企业，在省内堪称典范。目前这个企业的员工分为两大类：正式工和劳务工。正式工主要是原本就在编制内的老员工以及少数大学毕业后通过面试招聘并在实习合格后转正的员工；劳务工则是被劳务公司派遣到企业从事相应工作的工人，他们与劳务公司签订劳动合同但与该企业没有劳动合同关系，只是通过劳务公司与企业签订《劳务派遣协议》后派遣。可以看出，劳务工招聘的实质是把组织内部的机构与部门之间的协调成本，转化为外部市场组织之间的交易成本，以降低使用与管理员工的成本。在政府与社会对员工职业安全健康服务要求日渐提高的情况下，企业在员工职业安全健康服务方面的成本逐渐增加，通过劳务公司进行招聘在一定程度上有助于减少用工成本，规避用工风险，尤其是员工职业安全健康方面的风险。由于大量劳务公司在管理方面存在不规范的问题，尤其是他们只管用人不管用工，与其签订合同协议的农民工的职业健康自然不在他们的责任范围内。很显然，这种招工"外部化"的结果就是，企业在职业安全健康服务管理方面的风险降低了，相应的投入也减少了。可以说在市场经济条件下，企业是否愿意为农民工的职业健康体检埋单不仅是一个责任意识的问题，也是一个比较敏感和很难实现的经济问题。

第二方面是农民工的流动性大。流动性大可以说是农民工在企业中最突出的情况，由于流动性大，他们不能有较好的职业规划和职业发展，仅就职业安全健康而言也不能得到有效的保障；

而流动性大又恰恰是由于各种制度性的保障不能在工作单位获得造成的。二者互为因果，加剧了恶性循环。从调查的结果看，尽管这次调查的对象是一个职业安全健康服务管理相对而言做得比较好的国有企业，但在具体的服务管理工作中仍然存在这种不尽如人意的地方。究其根本原因，主要还是我国长期形成的城乡二元结构。目前大量在岗的正式员工，几乎都是通过企业以往的正式招工进入企业的，他们中许多人之所以成为正式员工，一个重要的原因是他们有非农业人口的户口，由此"属于招工范围"，自然而然地成了正式员工。在企业中，正式员工能够享受到当然的"五险一金"以及其他的福利待遇，优厚的工作待遇使得他们对企业的组织认同度相对较高，自然也就是"单位人"，其流动性也更多地呈现为一种单位内的流动。在当前的就业形势下，一般情况下他们是不会随意离开目前所工作的企业的。但是对于农民工来讲，由于没有城市户口，背井离乡到城市里寻找工作，能否找到一份工作才是重要的。农民工群体文化素质普遍低下，他们大多只能从事较简单和低技能要求的工作。而在社会中从事简单和低技能要求的工作的劳动者大有人在，使得作为雇佣方的企业具有了有利的谈判条件，农民工的各种权益有时被剥夺。在职业安全健康服务管理中表现为，对农民工职业病控制措施不到位和防护措施提供不足，他们的工作中存在一些显性或隐性的职业安全健康隐患。同时，由于农民工进城务工是为了获得比较高的收入，他们常常会在利益驱动下不断地调换工作使得企业在实施职业安全健康服务管理的过程中出现无法实施监控的问题。在调查中发现的情况是具有典型意义的，在当前条件下的企业尤其是大企业，对制度性的规定确实很难做到"对个人跟踪体检"。现行的"每年检查所有在岗员工"的规定，表面上看，确实是每一个员工都得到了职业病健康检查的服务，但因为一些农民工的流动性高，他们并未在企业中待到体检所要求的工作年限，最终企业的职业病健康检查措施无法真正落实。更进一步说，虽然我国颁布了《中华人民共和国职业病防治法》，但由于农民工的流动性高，企业中多数农民工很难享受到《中华人民共和国职业病防治法》中的权利和待遇。可以说，农民工群体流动性大、离职率高是他们在所调查企业不能得到相应职业安全健康服务管理的主要原因之一。我们这次调查的是一个职业安全健康服务管理做得较好的国有企业，尚且存在这样那样的问题，其他企业的情况就更加可想而知了。我国受到职业健康危害的总人数为 2 亿余人，其中农民工超过九成；而新发职业病病人中半数以上是农民工，农民工已成为职业健康危害的高危人群。①

三　农民工职业安全健康服务管理的制度创新

由于中国是一个发展中国家，整体经济社会发展程度偏低，因此全社会的职业安全健康服务管理水平都不是太高，而农民工职业安全健康服务管理更是明显不足，亟待提升，这是一个亟须解决的问题。这既依赖于国家层面的制度创新，同时也需要企业层面进行管理创新。

（一）政府与社会应构建促进农民工职业安全健康服务管理的公平机制

2011 年，新修订的《中华人民共和国职业病防治法》颁布，其宗旨是"建立用人单位负责、行政机关监管、行业自律、职工参与和社会监督的机制，实行分类管理、综合治理"② 的职业病防治机制。从中可以看出，国家对职业病防治的思路是重点强调企业是责任承担主体，其他相关的部门和单位及个人的责任和权利

---

① 史俊庭：《农民工职业病亟待社会关注》，《科学时报》2005 年第 8 期。

② 《中华人民共和国职业病防治法》第 3 条。

是监管、监督或参与等，与 2001 版的"分类管理、综合治理"相比已有不同的责任部门的阐述。但是，这样的思路架构其实在实践中仍然存在难以落实的问题，虽然企业是直接责任主体，行政机关承担监管责任，还有社会可以进行监督。但仅从张海超事件就可以看出，如果不是张海超以"开胸验肺"方式放大这一问题，原来的直接责任主体、监管主体和监督主体并没有解决相关问题。实际上，职业安全健康服务的问题是一个公共性的问题，而公共性问题不能基于把人都看作高尚的"道德人"加以解决，必须基于"理性人"的角度加以解决。

公共性的问题必须以公共性的方式给予解决。唯此才能更好地改善劳动者的职业健康状况，提高职业生命的质量。目前中国的农民无法享有和城市居民一样的社会保障，诸如相关的医疗和养老保障等，而农民工在进入城市的企业中就业时其职业安全健康服务更是存在诸多方面的缺失。由于城乡二元结构体制的存在，农民工在当前社会中处于弱势地位，其各种权益，包括职业安全健康方面的权益表达都呈现出人微言轻的状态，唯有国家在认识层面上明确地调整思路，进而在相关措施上加以强制性的法律法规规定才能改变这种状态。中共中央、国务院《关于构建和谐劳动关系的意见》强调，要通过加强法治保障来进一步完善"社会保险法、职业病防治法等法律的配套法规、规章和政策"[1]，这对于改善农民工的整体制度性待遇，尤其是农民工的职业安全健康服务管理有重要的指导意义。

在现代社会中，民主、正义、共生、理性等构成了公共性的基本内涵，并不断以其理性形态体现出来。[2] 而要促进这种以理性形

---

[1] 中共中央、国务院：《关于构建和谐劳动关系的意见》，http：//news. xinhuanet. com/2015 – 04/08/c_1114906835. htm，2015 年 4 月 8 日。

[2] 赵晓荣、王彦斌：《公共性、地方性与多元社会协同——边疆多民族地方的社会管理探析》，《贵州大学学报》（社会科学版）2012 年第 3 期。

态体现的公共性，就应该注意以理性来架构这种公共性平台。

中国的城乡户籍制度阻碍了农村劳动力向城市的转移，户籍制度的差异造成的社会地位、福利、就业、子女求学等市民待遇方面的问题，使得农民工在城市里被边缘化。政府应该首先承担起相关的社会责任，从公民权平等的角度建立更多的保障公民平等权益的公共服务平台，促进社会公平的实现，使农民尤其是农民工的诸多利益、相应身份以及健康问题得到切实保障。近年来，城镇化的速度加快大量农民进入"农转非"的快车道，但是许多地方政府并未做好相应的配套工作，还造成了许多"失地农民"，这使得农民工的问题愈加复杂和突出。

仅就体现国民待遇公平性的社会保障而言，农民工的医疗保险和养老保险应在未来的社会保障体系建设中达到与城市人一样的水平。而与职业安全健康相关的保障主要是生产过程中难以避免的职业安全工伤"红伤"以及相应的职业健康"白伤"的保障问题。由于在生产过程中出现"红伤"更容易引起关注，而"白伤"则一时难以显现，无论是企业还是政府相关部门甚至社会都会有意无意地忽略"白伤"。因此，把农民工纳入城市的医疗保障体系中是关键，这可以使农民工享受到国民的社会保障，还能够切实地得到患上"白伤"疾病后的职业健康保障。

按目前国家新修订颁布的《中华人民共和国职业病防治法》的规定，职业安全健康服务管理责任的具体承担者是企业，防护和治疗的压力都在企业。政府在这方面的工作主要就是监管、监督和考核企业开展职业安全健康服务管理的情况。这样的格局其实不利于职业安全健康服务管理责任的有效落实，由此导致的是对农民工职业安全健康的保障可能出现诸多漏洞。

由于职业健康疾病显现的滞后性，而大多数农民工的工作状况又具有较强的流动性，为保证农民工职业健康服务管理的有效性，必须建立一种既能够激发企业积极参与又能够实现政府和社会有效监管与监督的机制。从目前的国家相关法律制度安排看，职业安全健康服务管理制度的实施牵扯到多个部门，除了企业本身和政府外，还涉及行业协会、医疗机构、社会组织等，是一项具有主体多元性的社会工作，需由多方主体共同承担。其实，从职业健康事业的发展趋势来说，为了能够对农民工职业安全健康实施有效管理，服务的提供者更宜是多元的，应该构建由政府、企业和社会组织等多方主体共同实施的机制。在这个问题上，尤其需要强调的是政府要更加有所作为，它不仅仅是规则的制定者更应该是行为的操作者，政府应该在制定职业安全健康法律法规和政策的同时，为企业开展职业安全健康服务提供相应的政策扶持和资金支持，以减轻企业负担，促成职业安全健康服务管理工作的现实有效性。在此基础上，政府应该制定更加明确的奖惩措施，鼓励企业积极做好职业安全健康服务管理工作，从而使农民工的职业安全健康得到切实有效保障。

（二）企业应把农民工职业安全健康服务管理上升为战略性社会责任

对于企业而言，安全健康的工作环境不仅有助于减少员工工伤事故的发生，避免员工伤亡引起的系列问题的出现，而且可以促进员工的生产积极性进而提升他们的工作效率。员工的职业安全健康服务管理和企业的生存、发展是紧密联系的。企业应该承担起职业安全健康管理的企业社会责任，把农民工的职业安全健康管理作为自己的企业社会责任。近些年，"民工荒""招工难"的字眼不时出现在报端，这与农民工的身份有直接的关系。由于户籍和土地承包经营权不重合，农民工工作与生活的居所常常是分离的从而呈现出流动性。而对于需要农民工加盟从事生产劳动的企业而言，如何吸引农民工成为企业的员工就是必须认真考虑的事。农民工大多是通过劳务派遣的方式进入企业的，一方面，劳务派遣公司要为派遣员工的相关权益负责；另一方面，用工企业也得严格按照国家《劳务派遣暂行规定》的规定，"使用的被派遣劳动者数量不得超过其用工总量的 10%"①。除了在数量上控制劳务工人数，以保证大多数员工的合法利益之外，对于用工企业而言，企业间的比较和竞争与其社会声誉具有直接的关系。如若不注重农民工的职业安全健康服务管理，企业就难以招到高素质的农民工，企业追求的经济效益目标就难以实现。据 2015 年 1 月 20 日国家统计局公布的资料，我国目前农民工总数达 27395 万人；而当年劳动年龄人口总数为 91583 万人②，占到了劳动年龄总人口的 1/3。农民工已经明显形成了一支力量巨大的劳动大军，他们非工非农的身份特点使得他们在原有的城乡二元结构中，成为构成中国社会特有的三元社会结构的第三元。可以想见，在职业技能要求相对较低的工种范围内，农民工已经是不可替代的、未来企业员工的重要来源。如果更多的企业能够防患于未然注意到这个问题，在相应的方面采取积极的应对措施，必将产生较为长期的积极利益。作为第三元社会结构要素的农民工流动性突出，在原有的二元结构中可进可退。企业特别是可能造成突出职业健康伤害的企业，如果不注重保障农民工的职业安全健康，"招工难"势必会成为无法解决的大难题，如果没有生产者，企业是不可能赢利的。因而，妥善处理农民工问题，对于大多数企业来说都不再是简单的道德问题，而是一种必须切实处理好的现实需要。③ 农民工的职业安全健康服务管理问题，应该成为企业必须认真处理的战略性问题。如果从战略性企业社会责任角度把职业安全健康服务管理理解为企业生存与发展的重要部分，企业就能有效地利用有

---

① 中华人民共和国人力资源和社会保障部 2014 年颁布的《劳务派遣暂行规定》第 4 条。

② 2014 年农民工总量 2.7 亿人，增 501 万人，月均收入 2864 元。财经网：http://money.163.com/15/0120/10/AGD8MUSP00253B0H.html，2015 年 1 月 20 日。

③ 王彦斌：《农民工职业健康服务管理的企业社会责任——基于企业战略性社会责任观点的讨论》，《思想战线》2011 年第 3 期。

限的资源来达到最大的员工安全健康保障效果，提高员工的职业
健康水平，达到预防、控制职业病的发生，在提高员工生命质量的
同时降低职业病导致的企业费用增加的目的①，从而降低农民工的
职业安全健康风险。

---

① 王彦斌：《农民工职业健康服务管理的企业社会责任——基于企业战略性社会
责任观点的讨论》，《思想战线》2011 年第 3 期。

第九章

农民工职业健康服务管理的企业社会责任

—— 基于企业战略性社会责任观点的讨论 *

2010 年初，农民工张海超为证明自己确实因打工患有"尘肺病"不得已"开胸验肺"，入选 2009 年度十大法治人物。2011 年春节刚过，苹果公司在门户网站上公布《2010 年供应商责任报告》，首度公开承认它的中国供应商员工中有 137 名工人两年前因污染导致健康遭受不利影响。① 为此，"苹果中毒门"事件的报道又屡见报端。对于这类现象，许多研究或从道德角度对用人企业加以谴责，或从行政监管及其体制不良的角度展开讨论。本章仅从企业寻求社会合法性的战略性社会责任的角度讨论关于我国企业中的农民工职业健康服务管理问题，以寻求促进企业利益与社会利益有效结合的机制。

---

* 本文作者王彦斌，原文载于《思想战线》2011 年第 3 期。

① 《苹果中国供应商员工中毒调查　治疗医院上下缄默》，http://www.miss-nol.com/file/2011/02/19/241074@131723_1.htm。

一 时代需要企业承担起农民工的职业健康服务管理责任

企业社会责任（Corporate Social Responsibility，CSR）概念自20 世纪 20 年代由谢尔顿（O. Sheldon）首次提出以来，一直为企业界和学术界所关注。时至今日，现代企业实际承担社会责任的广度和深度有增无减，研究者也不断提出新的有价值的观点。从最初一般意义上的企业道德伦理责任、政府行政监督到企业战略管理范畴，关于企业社会责任的理论在不同层次上得到讨论，也对企业具有更加实际的指导价值。

20 世纪 90 年代中期以来，企业社会责任概念开始进入中国，一些企业逐渐按照要求编制并发布社会责任报告，其中包括中国电网、中远、联想、海尔、阿里巴巴等。2006 年，深交所发布《深圳证券交易所上市公司社会责任指引》，鼓励公司根据指引要求建立社会责任制度，形成社会责任报告，公司可将社会责任报告与年度报告同时对外披露。目前，企业社会责任的概念已为社会广泛接受，国际上普遍认可的核心理念是，企业在创造利润、对股东利益负责的同时，还要承担对员工、对社会和环境的社会责任，其中为员工提供安全、健康的工作环境是企业的重要社会责任。2006 年 2 月在中国首届"中国企业社会责任国际论坛"上，卫生部部长高强做了题为"保护职工健康和安全是企业重要社会责任"[①] 的演讲。卫生部组织编制了 2005～2010 年和 2009～2015 年国家职业病防治规划工作的纲要，努力形成一个政府统一领导、部门依法监管、企业全面负责、群众参与监督、社会广泛支持的职业病防治工作格局。2011 年中国第六届"中国企业社会责任国

---

① 高强：《保护职工健康和安全是企业重要社会责任》，http://finance. sina. com. cn/review/zlhd/20060222/11062363105. shtml，2006 年 6 月 2 日。

际论坛"上，安监总局局长杨元元指出，最大限度地保护职工的生命安全是企业承担的核心和根本。① 近日，全国政协委员、中华全国总工会副主席张鸣起特别强调"职业病防治法修改列入人大常委会会今年工作计划"。② 职业健康服务管理是通过各种有效的预防和干预，以控制工作场所可能对职业人群的健康和安全造成危害的因素为主及相应的其他活动。其目标是促进和保持从事所有职业活动的劳动者在身体上、精神上以及社会活动中最高度的愉悦，预防工作条件和有害因素对健康的伤害，安排并维护劳动者在其生理和精神心理上都能够在适应的环境中工作。从企业的角度看，安全健康的工作环境一方面有利于降低员工工伤事故发生的频率，避免因生产事故发生而造成的员工伤亡所引起的系列问题；另一方面，能够提高员工的工作效率，促进员工的工作积极性。因而可以说，员工的职业健康服务管理与企业的生存发展是息息相关的，企业应该对所雇用的员工承担起相应的职业健康服务管理的社会责任。职业危害控制的主体是企业，企业应将职业安全与卫生意识整合到企业社会责任内，以保证并提升企业对职业安全与卫生的承诺与实施，做到企业利润、职工职业安全，以及环境与资源的和谐与可持续发展。只有这样，才能更好地改善劳动者的健康状况，提高其职业生命质量。而在具有各种身份地位的劳动者中，农民工的职业健康保护问题最为突出。我国的职业病位居世界首位，重要原因是农民工是廉价劳动力的来源，高强度超负荷的工作环境和艰苦的环境使他们的基本健康遭受透支，许多企业没有对他们进行相应的培训和劳动防护，再加上缺乏医疗保险等社会保险，农民工的职业健康问题成为亟须解决的问题。

---

① 杨元元：《安全生产应成为企业社会责任的核心》，http://finance.jrj.com.cn/people/2011/01/0911478942764.shtml，2011 年 1 月 9 日。

② 《全总回应"苹果中毒"促职业病防治法修改》，http://tech.xinmin.cn/2011/03/07/9632100.html，2011 年 3 月 7 日。

大多数农民工作为一种特殊的群体，其职业健康保障在我国的受雇佣体系中长期居于被忽视的境地。张海超和与他一样的农民工之所以成为职业健康安全的受害者，最大的原因是企业没有承担他们的职业健康保护责任。尽管中国的职业健康管理在公共管理方面存在缺陷，但如果企业实实在在地承担起相应的责任就绝对不会出现最终以"开胸验肺"的方式解决事件的情况。农民工的职业健康保障的真正落实还是要在具体的企业中，需要用工企业在实际的用工过程中把善待员工作为自己的社会责任。

二 企业的时代压力与中国三元社会结构特点

对于企业来讲，把农民工的职业卫生健康作为自己的企业社会责任进行管理，是时代的要求。从企业外部而言，一方面是国际环境的要求，国际社会近年来推广的 SA 8000（企业社会责任标准）得到了众多国际生产商的认可并在全球推广，其中的相关内容就是要保护生产企业的工人职业健康，而我国的农民工是当前企业人员构成的重要组成部分。另一方面是国内政策的要求，国家针对农民工的职业健康管理问题出台了一系列文件。2006 年 3 月出台的《国务院关于解决农民工问题的若干意见》，历数了企业农民工管理的种种不足，其中对职业病和工伤事故及企业在解决上述问题中的企业责任做了说明。在此基础上各级政府开始实施农民工的相关保障工作。2010 年中央一号文件特别强调，要健全农民工的工伤、医疗、养老等社会保障制度，"加强职业病防治和农民工的健康服务"[①]。前者是农民工生命健康的社会宏观保障，而后者就主要依赖于企业的保障性行为。从企业本身来讲，企业

[①] 中共中央、国务院：《关于加大统筹城乡发展力度进一步夯实农业农村发展基础的若干意见》，http://politics.people.com.cn/GB/101380/10890000.html，2009 年 12 月 31 日。

间的比较、企业间的竞争与社会声望的获取具有直接的关系，舆论的压力必然促使企业不得不把员工的权益特别是职业健康服务管理纳入议事日程。对于大量使用农民工的制造业、建筑业和采掘业企业来讲，职业健康服务管理具有更为直接的现实意义，如果它们不注重农民工的职业健康保护服务管理，就很难雇用到能为其带来更多经济效益的高素质农民工。

伴随着我国工业化和城市化进程的加快，我国进城务工的农民工总数已超过1.5亿，形成了城市和农村二元之间的以城市农民工为第三元的三元社会结构①，这是我国经济社会转型时期必须面对的重要问题。从我国产业工人的整体比例看，农民工大约占到一半，在加工制造业、建筑业、采掘业等行业中农民工更是超过半数，在这些职业技能要求相对低的工种范围内，农民工已经是不可替代的社会力量。未来的企业员工有相当一部分会是农民工。这些进城打工的新生代农民工与父辈相比，大部分上过初中甚至高中，有较高的认知能力和判断能力。他们进城务工，更多的是为了"闯天下，求发展"，这使得农民工对所工作企业的安全等方面的要求逐渐提高。2010年富士康遭遇招工难题，与其员工意外死亡有直接的关系，这就涉及如何保障员工的职业健康问题。苹果公司的所为虽然是在事件发生2年之后，但其在履行企业社会责任方面做出了战略性的有利抉择。因此，如果能够更多地防患于未然，企业可能会获得更为长期的利益。

农民工在中国社会转型过程中具有的第三元的特点及其作为一种人力资源的种种特殊性会引发相应的经济与社会方面的问题，这需要政府及社会各方面承担起相应的社会责任并努力加以解决，同时这也是用工企业必须认真面对的问题。因为作为新兴的第三元社会结构要素，农民工稳定性不足而流动性突出，其所具有的

① 徐明华等：《中国的三元社会结构与城乡一体化发展》，《经济学家》2003年第6期。

流动性特征使之在原有的二元结构中可进可退。其流动性与国家的政策有着极大的关系，大多数农民工进城打工，是在比较利益的驱动下而为的。随着国家对"三农"问题的重视和一系列有利于"三农"政策的出台，以及近些年城市化进程推进导致的农村加速发展，一些农民工已经不再把打工作为自己的未来出路，许多人选择了就地发展绿色产业。近些年一些地方和企业出现的"民工荒"正是其具体的表现。如果企业不注重如何保证农民工的职业健康问题，就势必难以吸引希望投身于其中的农民工。没有劳动者的资本是不可能出现价值增加的。

农民工工作和生活在成千上万的具体企业，特别是制造业、建筑业和采掘业企业中，他们的职业健康问题将成为企业能否良性运行和长期发展的重要影响因素，因而妥善处理农民工这方面的问题，对于企业来讲不再是可以简单束之高阁的道德问题，而是一种必须切实处理好的现实问题。上述种种因素都使得农民工的职业健康服务管理问题成为企业在当前及未来必须着力处理的战略性责任问题。企业把农民工的职业卫生健康作为自己应该承担的社会责任，一是顺应国际与国内以人为本善待员工的大环境趋势，二是可以为企业的发展树立良好的企业社会形象从而获得市场竞争优势，三是能在现有用工条件下获得员工更高的组织认同度从而实现企业目标。

三 企业战略性社会责任与农民工 职业健康管理

在中国社会结构转型的过程中，农民工基本的职业健康服务在许多方面是缺失的，一般的研究总是从道德伦理或行政干预等角度来讨论农民工问题，因而使得这个问题的讨论显得只有学术价值。实际上这是一个可以在现实中把企业利益与社会利益结合讨论的真命题。

近年来，越来越多的西方学者开始从战略的角度来思考企业社会责任的理论和实践问题。就理论研究而言，布尔克（Burke）把其界定为企业中承载着社会责任并以利润最大化为目的的战略性行为①，巴荣（Baron）按利润最大化、利他主义和应对社会活动家威胁三种动机将其做了区分②，罗格斯顿（Logsdon）将企业社会责任划分为战略性、伦理性和利他性三种类型，认为战略性企业社会责任是一种提升企业形象、增进企业利润的企业慈善活动。珀特和克拉默（Porter & Kramer）则以竞争优势理论为基础，将企业社会责任划分为战略性和回应性两种，认为战略性企业社会责任还包含能产生社会利益并同时强化企业战略价值链转型的活动，它可以持续提升企业竞争优势，为企业和社会带来大量且不一般的利益③。哈斯特德和阿伦（Husted & Allen）进一步提出企业社会责任具备四种能力：为企业资源和资产组合设置一致目标，先于竞争对手获得战略性要素，建立企业的声誉优势，确保价值增值为企业所独占。④ 尽管上述辨析企业社会责任行为性质的角度不同，但对战略性企业社会责任的整体看法却大同小异。这些理论认为，战略性企业社会责任将企业利益和社会利益内在地统一在一起，是可以产生竞争优势的企业社会责任行为，从而与企业的经济利益有更明确的正相关关系。大量的实证研究更是对战略性企业社会责任的价值做出了有力的印证。

从战略性企业社会责任角度来看，把职业健康服务管理作为

① Burke, L., J. M. Logsdon, "How Corporate Social Responsibility Pays off," *Long Range Planning*, 1996, 29 (4): 495 – 502.

② Baron, D. P., "Private Politics, Corporate Social Responsibility and Integrated Strategy," *Journal of Economics and Management Strategy*, 2001, 10: 7 – 45.

③ Porter, M. E., M. R. Kramer, "The Link between Competitive Advantage and Corporate Social Responsibility," *Harvard Business Review*, 2006, 80 (12): 78 – 92.

④ Husted, B. W. and D. B. Allen, "Corporate Social Strategy in Multinational Enterprises: Antecedents and Value Creation," *Journal of Business Ethics*, 2007b, 74: 345 – 361.

企业管理体系的一个部分，目的是通过调动管理对象的自觉性和主动性，有效地利用企业有限的资源来达到最大的员工健康保障效果，保护和促进员工的职业健康，达到预防控制职业病的发生，在提高员工生命质量的同时降低职业病导致的企业费用增加的目的。未来的中国农民工将是产业大军的重要力量，企业履行职业健康服务管理社会责任，不仅仅是中国社会发展的需要，更是中国企业战略发展的必然要求。从企业外部来说，诸多社会因素要求企业必须承担对所雇用农民工的职业健康服务管理社会责任，唯有对农民工进行职业健康服务管理的企业才具有现实的合法性；从企业本身发展战略的需要来说，善待农民工，特别是注重对他们的职业健康服务实施社会责任管理，有助于实现战略性社会责任投资的倍增效应。一般认为，企业承担社会责任的好处是，可以影响公共政策的制定使之有利于企业，有助于树立良好的企业社会形象，通过推出以承担社会责任为卖点的产品和服务能带来更多经济利益，有利于协调企业劳动关系促进企业内部稳定发展。如果将企业私利与社会利益通过战略性企业社会责任统一起来，就能更好地激发企业从事负责任的活动，并由此建立竞争优势。可以想见，未来大量的中国企业中会有大量的农民工成为新生的企业员工，他们的职业健康服务管理将会成为中国企业管理中的重要组成部分。

影响企业做出社会责任战略决策的因素既包括企业内部的资源、能力、组织价值观和社会责任导向，也包括企业外部环境因素，如制度环境压力、社会网络、外部利益相关者压力；这些因素会在不同程度上影响企业实现相应的经济利益、提高企业声望以及达成社会目标。中国理论界关于企业社会责任的研究不够深入，大多局限于介绍国外研究，中国企业的社会责任实践则起步不久，加上中国社会经济的发展总体水平不高，因而对于农民工职业健康服务管理方面的企业社会责任没有太多的刚性规定，目前企业主动履行一般性社会责任的动机也相对较弱。但随着社会的发展，企业受到社会要求其履行社会责任的压力越来越大，部分企业会率先从自身的战略发展需要出发主动适应这种变化，进行农民工的职业健康服务管理会渐渐成为中国企业的一个普遍发展趋势。

企业行动以理性为基础，同时也要寻求"合法性"。就前者而言，企业必须盈利，为社会创造经济财富；但按照科尔曼"理性行动理论"的观点，任何行动者的理性行动寻求的都是"最优"而非"最大"。尽管企业行动以理性为基础，但任何组织都只有在具有合法性的条件下才能生存和发展，企业间的竞争也不能脱离合法性。因而寻求"合法性"（legitimacy）也会促使企业进行战略性投资，因为这能使企业的行动达到最优。企业对农民工承担职业健康服务管理社会责任，是中国社会发展也是中国企业战略发展的必然要求。诸多社会因素要求企业必须承担这种社会责任，唯此企业才具有现实合法性。组织社会学制度学派关于组织行为趋同性现象的解释是"合法性机制"：社会的法律制度、文化期待、观念等会成为人们广为接受的社会事实，具有强大的约束力量，规范着人们的行为，组织趋同性是一个由强迫到模仿，再到社会规范的完整过程。① 当今，在整个国际国内社会大背景下形成的基本趋势就是，凡是注重农民工职业健康服务管理的企业会比不注重的企业得到更多的合法性认可。注重对农民工职业健康服务实施管理的企业，有助于实现战略性社会责任投资的倍增效应，获得理性的最优结果。这必然会促使一些独具慧眼并且有条件的企业率先采取相应行动，争取获取更多的机会。在合法性制度目标的引导下，少数企业通过自己在农民工职业健康服务管理方面的积极表现，能够获得好的社会声誉和大量员工的组织认同，以及由此而至的熟练农民工工作的稳定性和相应的经济效益，等等。

---

① 周雪光：《组织社会学十讲》，社会科学文献出版社，2002，第86页。

他们基于合法性的理性行动结果所获得的最优效应会成为一种榜样，进一步带动更多的企业进行模仿，并最终使企业社会责任演化为所有企业都必须严格遵循的社会规范。

　　企业实施农民工职业健康服务管理，需要整个社会进一步形成农民工是未来产业大军重要力量的共识，通过企业自身、政府和其他社会组织的促进作用加速其内外部机制建设。企业率先承担农民工职业健康服务管理的成本和企业的地位等级、规模有关系。由于拥有资源的丰富程度不同，企业的产品性质、地位等级和规模大小与它们对制度环境的压力、敏感程度呈正相关关系，不同企业承担代价的能力不一样，大的企业资源丰富，中小企业可能心有余而力不足。企业最先实施农民工职业健康服务管理，不一定是因为实施其特别有效率，而是因为它可以而且愿意承担相应的代价。越是具有战略性眼光的企业，越有可能正面理解企业社会责任可能给企业带来的成长与发展机遇，越有可能实施农民工职业健康服务管理制度。实施农民工职业健康服务管理可以使企业获得更好的社会声誉、更高效的农民工劳动力、更高的员工组织认同度。在当前的条件下，需要从企业社会责任是企业发展战略的理论认知出发，进一步研究如何能有效地把企业利益与社会利益结合，促进企业强化农民工职业健康服务管理；对目前已实施或将实施农民工职业健康服务管理的企业进行深入剖析，从中找出共性和本质的特征，探索在现有条件下最大限度地促进企业中农民工职业健康服务管理工作展开的条件及机制。通过分析当前我国企业在农民工职业健康服务管理方面的现状及实施的原因和发展趋势，让企业认识到战略性企业社会责任的重要性。在此基础上概括总结当前企业实施农民工职业健康服务管理的制度创新经验，从企业管理创新的角度探讨建立农民工职业健康服务管理的机制，以图在当前情况下从理想的角度寻求现实条件下实施的途径，促进企业在此方面的社会责任的履行。

| 第十章 |

制度安排与实践运作

——对企业职业健康服务社会责任的社会学思考[*]

2012 年全国职业病报告，共报告职业病 27420 例，其中尘肺病 24206 例，急性职业中毒 601 例，慢性职业中毒 1040 例，其他职业病 1573 例；从行业分布看，煤炭、铁道、有色金属和建材行业的职业病病例数量较多，共占报告总数的 72.77%。[①] 近年来，由于安全事故与职业健康事件频繁发生，职业健康问题逐渐被社会公众广泛关注，尤其是对农民工职业健康问题的关注。但诸多的讨论或倾向于道德谴责，或强调有关部门监管不到位，其焦点都是认为企业没有很好地履行社会责任，本章从企业社会责任的相关角度展开讨论，以就教于关注此问题的学者和专家。

一 企业社会责任中的职业健康服务

关于企业社会责任内涵与范围的界定，基本都涉及企业对员

---

　* 本文作者王彦斌、李云霞。原文载于《江海学刊》2014 年第 2 期。
　① 转引自职业卫生网《国家卫计委公布 2012 年全国职业病报告统计情况》，http://www.zywsw.com/news/4990.html，2013 年 10 月 23 日。

工、雇员的社会责任，企业为员工提供安全、健康的工作环境和相应的保障，即是企业对员工提供职业健康服务的社会责任。职业健康服务是企业社会责任的重要组成部分，更是所有企业社会责任的基础；其履行受社会文化与制度环境的监督和推动，进而促使企业从被动应付到积极主动履行其对员工职业健康服务的社会责任。

（一）企业职业健康服务社会责任理论与实践的研究

20世纪初期，企业社会责任思想产生于西方国家，1924年英国学者谢尔顿（Oliver Sheldon）首次正式提出企业社会责任的概念，1953年美国学者伯温（Bowen）在其专著《商人的社会责任》中对企业社会责任概念进行了明确而系统的定义。[1] 企业社会责任的概念与理论发展是一个长期的过程，并发展出了包括股东利益至上说、社会契约说、利益相关者（stakeholder）说、企业公民说以及层次责任说等各种理论观点。[2] 其中以委托代理理论、利益相关者理论和多视角的理论代表了不同历史阶段的三种主要理论研究框架，并在此基础上形成企业社会责任理论研究的三个流派：古典流派、利益相关者流派和战略流派。[3] 与此相对应，企业社会责任概念的内涵与范围的界定也不断变化、发展，从对"企业社会责任"的根本性拒绝[4]，认为企业社会责任是政府责任，与企业界无关，到认为企业是所有利益相关者之间的一系列多边契约的集合，经理人应该调整其政策以迎合众多的利益相关者而不仅仅是

---

[1] 董进才、黄玮：《企业社会责任理论研究综述与展望》，《财经论丛》2011年第1期。

[2] 章辉美、赵玲玲：《企业社会责任研究回顾与综述》，《江汉论坛》2010年第1期。

[3] 刘海龙：《企业社会责任理论研究的三个流派》，《中国非营利评论》2010年第2期。

[4] 卢代富：《国外企业社会责任界说述评》，《现代法学》2001年第3期。

股东①，众多的利益相关者还应包括员工、顾客、供应商以及社区组织等；再到认为企业社会责任战略能够为企业建立可持续的竞争优势，企业理想的社会责任水平可以通过成本收益分析来确定。②

所有对企业社会责任内涵与范围的界定，基本都涉及企业对员工、雇员的社会责任，尤其是利益相关者流派形成以来又出现企业公民说、层次责任说、战略流派等，这些理论都将企业对员工、雇员的责任视为企业社会责任的重要组成部分。作为利益相关者流派的重要代表人物，弗里曼（Freeman）认为，一个组织的利益相关者是指可以影响到组织目标的实现或受其实现影响的群体，具体包括供应商、雇员、股东、社区、债权人、政府以及经理人等群体，企业不仅仅去追求股东利益最大化，还应当充分考虑其他所有利益相关者的权益要求，即企业要履行其社会责任。③根据他的理解和界定，利益相关者流派学者的主要观点是，企业组织不能只追求股东利益最大化，还应当充分考虑其他所有利益相关者的权益要求，即要承担对员工、社会和环境的社会责任，其中为员工提供安全、健康的工作环境是企业的重要社会责任。④

随着社会的进步与发展，企业对员工社会责任的定义与范围也相应地变化发展，变化的趋势是责任内容有增无减。伊莎贝拉（Isabelle）和达维德（David）总结了企业社会责任内涵的 11 个维度，其中关于企业对员工的责任有平等的机会、健康和安全。⑤徐

---

① 转引自刘海龙《企业社会责任理论研究的三个流派》，《中国非营利评论》2010 年第 2 期。

② McWilliams and Siegel, "Corporate Social Responsibility: A Theory of the Firm Perspective," *Academy of Management Review*, 2001, 26（1）: 117.

③ Freeman, R. E., "Strategic Management: A Stakeholder Approach," *Englewood Cliffs*, NJ: Prentice Hall, 1984.

④ 王彦斌：《农民工职业健康服务管理的企业社会责任——基于企业战略性社会责任观点的讨论》，《思想战线》2011 年第 3 期。

⑤ Isabelle Maignan, David A. Ralston, "Corporate Social Responsibility in Europe and the U. S.," *Journal of International Business Studies*, 2002,（9）.

尚昆、杨汝岱总结了西方文献中提及的 8 个 CSR 维度，其中"员工发展"维度包括员工健康与工作安全、员工技能开发与培训、身心健康与工作满意、意义感、发展和晋升机会平等、保障体系以及经济收入稳定。[①] 可以说，企业为员工提供安全、健康的工作环境，为员工提供相应的保障体系，对员工进行安全"福利"教育，提升其身心健康与工作满意度和意义感等一系列关于职业健康服务方面的重要社会责任，就是企业要承担的职业健康服务的社会责任。

对于企业而言，职业健康服务社会责任的承担与实施是贯穿在整个企业活动之中的。在运作实践过程中，企业依据国家相关职业健康的法律、法规、政策、制度的规定和要求，凭借自身的实际条件，在企业内部制定相应的职业健康服务规章制度，设置相应的职业健康服务机构，为员工提供安全、健康的工作环境及制度保障，进行安全教育，以提升其身心健康与工作满意度等。

当前，我国学者关于企业职业健康服务社会责任实践的研究，主要是对企业社会责任报告的研究，例如对近几年每一年度的国家企业社会责任实践基准报告、行业企业社会责任报告以及一些企业自行发布的社会责任报告的研究。随着我国公众、社会和政府越来越重视企业社会责任的实践与发展，一些企业和行业开始定期发布自身的企业社会责任报告。自 2007 年开始，我国也发布每一年度的企业社会责任实践基准报告，这些报告中的数据展现出企业职业健康服务社会责任的践行呈现出逐年上升趋势。

从我国 2007 年开始发布的每年度企业社会责任实践基准报告来看，2007 年我国企业社会责任实践基准报告主要考察企业对雇员承担责任的状况，包括劳资关系、健康与安全、社会保障、工

---

① 徐尚昆、杨汝岱：《企业社会责任概念范畴的归纳性分析》，《中国工业经济》2007 年第 5 期。

会、培训与发展、员工道德六个方面的内容。① 报告显示，2007 年我国企业在员工职业健康社会责任方面的总体情况是，建立员工安全健康和社会参与指标的企业比例仍比较小，低于总数的 30%，企业雇员权益责任履行尚显薄弱。② 2008 年的报告显示，企业普遍较好地履行了对员工所应承担的法律、经济层面的责任，特别是设立员工安全培训、建立工会等部分具体指标的得分有一定幅度的增加，在绩效管理方面，超过 80% 的企业建立了员工发展、健康及安全考核指标。③ 2009 年的报告显示，在涉及员工的劳资关系、健康与安全、社会保障等方面，企业普遍都能依据法律严格执行，并进一步完善了职业健康安全体系，积极引导员工合理规划薪酬的使用。④

在行业发布的企业社会责任报告中，例如石化行业中，兰州石化高度重视基层和一线员工的健康，遵循"预防为主，防治结合"的方针，树立"以人为本、健康至上"的理念，坚持防护与治理结合，健全和完善职业卫生档案和员工健康监护档案，积极创造有利于员工健康的工作环境和劳动条件。对于农民工，兰州石化在保证其基本劳动保护的基础上，为其发放劳动保护用品，建立工会组织，等等。⑤

在企业自行发布的社会责任报告中，例如英特尔公司在中国企业，针对员工职业健康与安全提供的保健计划实例包括人体工

---

① 金蜜蜂企业社会责任发展中心：《2007 中国企业社会责任实践基准报告（下）》，《WTO 经济导刊》2008 年第 11 期。

② 金蜜蜂企业社会责任发展中心：《2007 中国企业社会责任实践基准报告（下）》，《WTO 经济导刊》2008 年第 11 期。

③ 《WTO 经济导刊》企业社会责任发展中心：《2008 中国企业社会责任实践基准报告》，《CSR 本月焦点》2009 年第 7 期。

④ 金蜜蜂企业社会责任发展中心：《中国企业社会责任实践七大发现及四大建议——2009 中国企业社会责任实践基准报告》，《WTO 经济导刊》2010 年第 6 期。

⑤ 王宏军：《企业社会责任理论在石化企业中的实践》，《视点》2009 年第 4 期。

程学培训与共享论坛、高血压和糖尿病等慢性疾病管理、办公室健身中心、流感疫苗、年度体检、按摩治疗、针对怀孕员工的计划、保健挑战、自助餐厅内提供的健康膳食。[①]

这些报告来自我国不同性质、不同行业的企业和我国海外跨国企业以及在华的外资企业等,其内容从企业公民、公众期望、报告的创新与完善以及对发布报告的评估等角度来思考当前企业社会责任的实践状况;从研究方法来看,这些报告主要是通过问卷调查法来收集资料,并在所收集资料的基础上形成的。除对企业社会责任报告体现的职业健康服务方面的研究之外,还有对这些报告的评估研究,这也能充分说明当前我国企业职业健康服务的社会责任现状。例如《2011 中国工业经济行业企业社会责任报告综合评估报告(摘编)》分析了工业经济行业企业的社会责任报告中关于职业健康服务方面的相关指标,该报告主要从安全生产与和谐劳动关系入手,认为安全生产方面主要包括应急预案的数量、资金投入、培训人次和覆盖率等 8 个指标,和谐劳动关系方面则包括员工总数及教育程度、专业技术水平构成、劳动合同签订率等 19 个指标。[②]

(二) 职业健康服务是企业社会责任的重要组成部分

企业职业健康服务的社会责任是所有企业社会责任的基础。对于企业而言,经济责任是企业的根本责任,是企业存在的目标和前提。然而,要真正实现企业经济的发展,就不得不保障员工的职业健康与安全。企业只有切实履行好对员工职业健康服务的社会责任,其经济效益才能得到切实保障,企业才能生存并进一步去履行其他社会责任。

---

① 《2009—2010 英特尔中国企业社会责任报告——以技术创新推动社会创新》,第 49 页。

② 中国工业经济联合会:《2011 中国工业经济行业企业社会责任报告综合评估报告(摘编)》,《WTO 经济导刊》2011 年第 6 期。

员工是企业开展各项生产与服务活动的人力资源，是企业组织有效运行的基础。不论是追求客户满意度的提升还是创造客户感动的关键时刻，不论是持续创造业绩与利润还是提升股东与投资者的支持力度，企业员工无疑都扮演着最关键的角色。因此，在企业面对的内外部利益相关团体之中，企业员工已被定为"事业伙伴"或"内部客户"，其沟通对话优先次序甚至在顾客级股东之上，因此员工也就成为企业社会责任管理的重要基础。①

在与企业组织的关系中，员工实际上更多地考虑自己作为一个独立个体的需要，他们会从与自己切身利益相关的方面表现出自己对组织的认同。② 职业健康服务及相关福利，作为员工发展与权益的重要组成部分，是与企业员工切身利益相关的基本权益。从企业发展角度而言，健康的员工对企业各项活动的顺利开展，尤其是其作为企业生产与服务活动的关键要素所具有的重要意义和价值不言而喻。只有充分保证员工的职业健康服务及相关福利，企业才能真正得到"事业伙伴"与"内部客户"的认同和支持，才能打好企业社会责任管理的基础。因此，作为企业社会责任管理重要基础的员工的职业健康服务显得尤为重要，是企业社会责任的重要组成部分。

企业对员工的职业健康服务是企业社会责任的重要组成部分。企业对员工职业健康服务履行社会责任的外部动力，主要来自企业所处社会的文化约束与制度要求，职业健康服务是外部压力使然的结果，更是所有企业社会责任的基础。

关于企业职业健康服务社会责任方面的政策、制度、法律、标准等要求和规范相继出台并不断完善，尤其是社会责任标准SA8000（Social Accountability 8000）开始实施。作为全球第一个适

---

① 钱为家：《全球战略 CSR 案例报告——第四代企业的价值驱动优势》，中国经济出版社，2010，第 55 页。

② 王彦斌：《中国组织认同》，社会科学文献出版社，2012，第 151 页。

用于世界各地、不同行业、不同规模企业的企业道德规范标准①，它将社会责任和企业管理结合起来，在保护劳工权利、保障劳动环境和条件方面，对企业切实履行职业健康服务的社会责任的约束和推动，具有广泛且深远的作用和影响。此外，由国际标准化组织制定和颁布的 ISO26000 社会责任标准（International Standard Organization 26000），核心内容包括社会责任的概念、定义和方案，社会责任发展背景、趋势和特征，社会责任的原则和实践，识别利益相关方及参与，社会责任核心主题和活动，社会责任实践融入组织，以及通过社会责任实现可持续发展。② 它强调国家、市场、企业和公民社会之间关系变化的本质，这意味着企业成为社会责任的主体。作为全球 CSR 制度化建设进程中具有划时代意义的最新成果，ISO26000 将成为真正意义上全球统一的社会责任国际标准。③

　　与此同时，我国在企业职业健康服务社会责任方面的政策、制度、法律、标准等要求和规范也日趋完善和健全，从《劳动法》《职业病防治法》到卫生部组织编制的 2005～2010 年和 2009～2015 年国家职业病防治规划工作的纲要、《国务院关于解决农民工问题的若干意见》、2010 年中央一号文件特别强调要"加强职业病防治和农民工的健康服务"等相关法规和政策，再到依据相关国际标准而制定和颁布的《职业安全卫生管理体系试行标准》（OS-HMS）、《职业健康安全管理体系——规范》（OHSAS18001：1999）、《职业健康安全管理体系》（GB/T 28000—2001，包括规范和指南）、《职业健康安全管理体系——要求》（GB/T 28000—2007）

---

① 王锐生：《现代企业的社会责任标准——社会哲学视野下的"SA8000"》，《哲学动态》2004 年第 4 期。
② 孙继荣：《ISO 社会责任发展的里程碑和新起点》，《WTO 经济导刊》2010 年第 10 期。
③ 朱文忠：《ISO26000 与中国 CSR 制度化建设研究——基于制度压力理论视角》，《现代经济探讨》2012 年第 8 期。

等一系列评价标准体系。2011 年，安监总局局长杨元元在"第六届中国企业社会责任国际论坛"上强调指出，最大限度地保持保护职工的生命安全是企业承担的核心和根本。[①]

可以说，不论是国际层面还是国家层面的企业社会责任方面的政策、制度、法律、标准等，都来自社会文化与制度要求，它们强制并推动企业从被动应付到积极主动履行对员工职业健康服务的社会责任。

（三）当前我国企业职业健康服务社会责任的实践状况

当前我国企业在对企业社会责任内涵的认知方面，对职业健康服务社会责任的认同度高，认为职业健康服务作为员工发展的基本权益是企业社会责任的重要组成部分，企业应该对员工的人身安全与职业健康的合法权益给予充分重视。但职业健康服务社会责任的运作实践总体上处于较低水平。一项调查发现，有35.01% 的企业没有为员工购买国家相关法律规定的"三险"，32.77% 的企业存在拖欠员工工资或福利不兑现的情况[②]，这表明我国企业在员工职业健康服务方面还处于较低水平，还有非常大的提升空间。与此同时，当前我国企业职业健康服务社会责任的运作实践，又呈现出以下两个方面的特征。

首先，从总体水平与状况来看，与改革开放前公有企业内员工权益保障等相比，在政府主导和法律规制下，当前我国企业社会责任实践在安全生产和劳动保障方面取得了显著成就[③]，同时也面临很多问题和挑战。计划经济时期我国公有企业（主要是国营企业）包揽一切，但其所包含的职业健康服务范围小、质量低，

---

① 转引自证券之星《杨元元：安全生产应成为企业社会责任的核心》，http://finance. stockstar. com/SS2011010930089583. shtml，2013 年 10 月 23 日。

② 徐尚昆：《中国企业社会责任的概念维度、认知与实践》，《经济体制改革》2010 年第 6 期。

③ 章辉美、李绍元：《中国企业社会责任的理论与实践》，《北京师范大学学报》（社会科学版）2009 年第 5 期。

没有专门的管理制度，并且其服务对象主要是针对城市企业职工。与之相比，从改革开放至今，企业积极开展安全生产，加强劳动保障。[①] 我国企业的安全生产工作经历了从恢复、整顿、提高到监管体制改革，再到管理机制的逐步完善和健全的过程；与之相对应，在保障员工合法权益方面，员工的社会保险覆盖范围不断扩大，劳动关系保持和谐稳定发展，职工工资福利明显改善。但是在安全生产与职业健康服务等方面，仍然存在很多问题，并逐渐引起社会公众和政府的关注与重视。

其次，所有制性质、发展规模、行业和地区有所不同的企业，在员工职业健康服务社会责任的运作实践方面存在显著差异。调查发现，在员工发展方面，国有企业、服务行业、东部地区企业、大型公司的表现水平要明显高于其他类型的企业。[②] 与民营企业、私营企业相比，公众与社会对国有企业充分履行职业健康服务社会责任的要求和期望更高；与此同时，国有企业和外资企业经济实力与发展规模一般都优于民营企业、私营企业，因此在员工的职业健康服务方面做得相对较好。对员工健康要求较高的行业、人身健康危害性大的行业，在职业健康服务社会责任的运作实践方面水平较高，例如服务行业中的餐饮业，第二产业中的钢铁行业、建筑行业等，对员工的职业健康服务与安全生产更为重视。与此同时，东部发达地区的公众在职业健康服务方面的意识更强烈，要求也相对较高，因而会影响当地企业履行其职业健康服务社会责任的态度和行为。

---

① 章辉美、李绍元：《中国企业社会责任的理论与实践》，《北京师范大学学报》（社会科学版）2009 年第 5 期。

② 徐尚昆：《中国企业社会责任的概念维度、认知与实践》，《经济体制改革》2010 年第 6 期。

二 企业职业健康服务社会责任实践运作模式

企业履行职业健康服务社会责任的运作实践是一个过程，履行程度和具体实施情况受到外部社会文化和制度环境因素以及企业内部各种因素的影响。外部社会文化与制度环境因素主要包括主流社会价值观、相关规范性因素和制度环境三个方面；而企业内部因素则涉及企业内部的利益相关者、企业自身的实力与发展规模、企业的所有制性质与行业性质、企业社会责任的价值观导向等。外部因素主要是推动和监督作用，而内部因素则限制和制约着企业职业健康服务社会责任的履行。

(一) 运作实践的外部与内部影响因素

组织社会学的新制度主义学派认为，组织的具体制度与行为受其所处的社会文化与制度环境的影响。制度环境（institutional environment），是指一个组织所处的法律制度、文化期待、社会规范、观念制度等人们"广为接受"（taken-for-granted）的社会事实。在斯科特那里，认知－文化性因素、规范性因素、规制性因素构成新制度主义理论的三个基本要素。[①] 与之相对应，迪玛奇奥和鲍威尔认为有三种机制导致了制度的趋同性或者说组织形式、组织行为的趋同性[②]，即强迫性机制（coercive）、模仿机制（mimetic）和社会规范机制（normative）。这三个要素与三种机制暗含着某一制度和组织形式、组织行为的趋同性形成与发展的过程。

在企业职业健康服务社会责任的运作实践过程中，其受外部社会文化与制度环境的推动，这种推动作用主要来自主流社会价值观、相关规范性因素和制度环境三个方面的影响，这三者又各

---

① 〔美〕W. 理查德·斯科特：《制度与组织——思想观念与物质利益（第三版）》，姚伟、王黎芳译，中国人民大学出版社，2010，第56页。

② 周雪光：《组织社会学十讲》，社会科学文献出版社，2003，第87页。

自与斯科特的认知－文化性因素、规范性因素、规制性因素相对应。这三个要素、三种机制与当前我国职业健康服务相关制度规定下的企业职业健康服务社会责任的履行状况相结合，图 10－1 直观地表现了当前企业职业健康服务的相关制度与运作实践的发展过程。

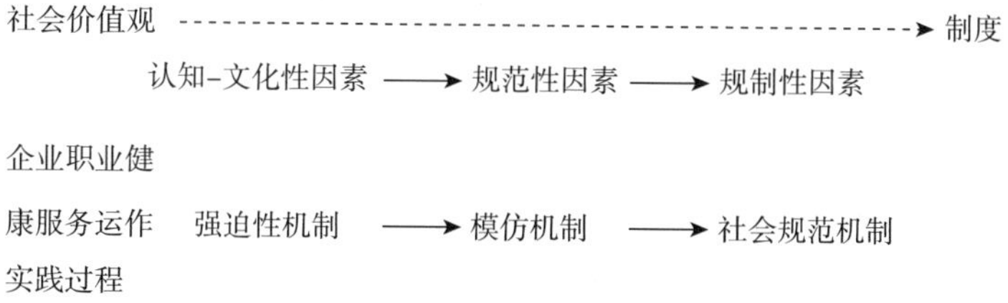

社会价值观 --> 制度
　　　认知-文化性因素 ⟶ 规范性因素 ⟶ 规制性因素

企业职业健
康服务运作　　强迫性机制 ⟶ 模仿机制 ⟶ 社会规范机制
实践过程

图 10－1　制度形成与组织实践

在此基础上，主流社会价值观进一步体现为公众的职业健康意识与社会对企业职业健康服务社会责任的总体要求；相关规范性因素则体现为解决企业职业健康问题的风俗和惯例；而制度环境也体现为社会的经济制度背景和国家、政府制定的关于职业健康服务的法律法规、政策制度。

当前，关于职业健康问题的主流社会价值观，主要体现在公众的职业健康意识与社会对企业职业健康服务社会责任的总体要求两个方面。正是一系列安全事故与职业健康事件的频发引发人们对职业健康问题的普遍关注，尤其是对农民工职业健康问题的高度关注。这是公众职业健康意识逐步增强的过程和体现，更是社会对企业职业健康服务社会责任的要求与期望提升的表现。由于公众的职业健康意识与社会对企业职业健康服务社会责任的总体要求的提升，一个企业通过积极、正面的方式，而不是消极、压制的方式解决职业健康问题的方法在得到公众与社会认可时，就会被其他企业模仿，并且这种做法逐步发展成为解决企业职业健康问题的风俗和惯例，这些风俗和惯例会潜在地影响企业对职业健康问题的解决。职业健康方面的制度环境主要包括当前我国大的经济制度背景，以及国家、政府制定的关于职业健康服务的法律法规、政策制度。当前我国在市场经济的背景之下，以经济建设为中心，强调效益，但更加注重社会公平；而且，当前我国关于职业健康服务的法律法规、政策制度日益健全和完善，对企业的要求逐步提升，规定趋向细致。这都充分体现了国家和政府在职业健康问题上对企业的要求和期望。

企业首先是"经济人"，然后才是"社会人"，"利润是企业存在的理由和发展的根本动力"①。企业作为经济主体，必然选择以低成本方式履行企业职业健康服务的社会责任。与外部因素的推动作用相反，企业内部的诸多因素会限制和制约企业对职业健康服务社会责任的履行。

企业自身的经济实力与发展规模，是企业进行一切经济活动的根本性物质基础，因此它也是企业切实履行职业健康服务社会责任的物质保障。企业自身经济实力与发展规模制约着企业对员工的职业健康服务社会责任履行水平的高低。企业的所有制性质会对企业履行职业健康服务的社会责任产生非常重要的影响。与民营企业相比，公众与社会对国有企业充分履行对员工的职业健康服务社会责任的要求和期望更高；同时企业的行业性质也在某种程度上影响着企业职业健康服务社会责任的履行程度。对人身健康危害性大的行业例如钢铁、建筑等行业的企业履行对员工的职业健康服务的社会责任就显得尤为重要和关键。每个企业都有自身独特的企业文化，这一文化影响着该企业社会责任的价值观导向，也在很大程度上影响着其职业健康服务社会责任的履行。重视企业职业健康服务社会责任的价值观导向，往往会推动和促进企业职业健康服务社会责任的履行与实践，反之亦然。企业内部的利益相关者，主要包括企业的供应商、雇员、股东、社区、

---

① 林毅夫：《企业承担社会责任的经济学分析——企业家看社会责任——2007 中国企业家成长与发展报告》，机械工业出版社，2007，第 245 页。

债权人、政府以及经理人等群体。这些群体对待职业健康服务的态度在很大程度上会影响企业对职业健康服务社会责任的履行态度与运作实践。

（二）运作实践与制度安排差距的变动模式

一方面是企业外部社会文化和制度环境因素的推动与监督作用，另一方面是企业内部自身因素的限制与制约作用，企业就在这两种不同方向的作用力之下博弈，努力寻求企业自身发展与履行职业健康服务两者之间的平衡。由于企业受自身因素的制约，而制度作为一种较为理想化的规定和要求，其高度往往是企业在现实条件下难以达到的，所以企业职业健康服务社会责任的履行状况往往与制度要求之间存在一定差距，而且这一差距的存在具有必然性，是不可避免的。企业职业健康服务社会责任履行变动过程，及其与制度安排之间的差距，可由图 10 - 2 直观地来表现。

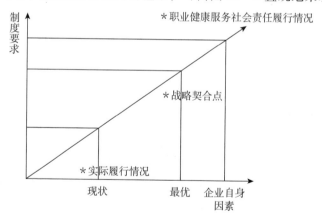

图 10 - 2 职业健康服务社会责任履行实践

企业职业健康服务社会责任履行状况与制度安排要求之间的差距显而易见，而且这一差距的存在具有必然性，是不可避免的。企业现实条件与理想制度之间总是有一定的距离的。在社会价值观和制度环境的推动力与企业自身各种因素的限制作用力的博弈之下，企业自身经济实力与发展规模、资源拥有量的多少、企业所有制性质与行业性质、企业内部利益相关者的影响及其作为本质上的经济主体等因素，从根本上决定了企业履行职业健康服务社会责任的水平；而制度目标作为一种较为理想化的规定，其要求一般都比较高，企业不是每一个制度目标都可以轻易达到的。因此，企业职业健康服务社会责任实际履行状况与制度安排要求之间的差距无法避免，并且这一差距是必然存在的。

与此同时，这种必然存在的差距又是一个不断变化的动态过程，它在企业职业健康服务社会责任运作实践中呈现出来。这一运作实践的变动也深受企业所处的外部社会文化、制度与自身内部各种因素的影响。一方面，企业职业健康服务社会责任的履行，会受企业所处的外部主流社会价值观与制度环境的监督，企业被强制要求去充分履行对员工的职业健康服务的社会责任。其中，最主要的影响和作用力来自主流社会价值观、相关规范性因素以及制度环境，主流社会价值观主要从公众职业健康意识和社会对企业职业健康服务社会责任的总体要求上去约束和规范企业履行职业健康服务社会责任，相关规范性因素则主要从解决企业职业健康问题的风俗和惯例等方面来规范和约束企业对职业健康服务社会责任的履行，而制度环境则主要是由企业当时所处的社会经济制度背景和国家、政府制定的关于职业健康服务的法律法规、政策制度去强制要求企业履行职业健康服务社会责任。因此，外部的主流社会价值观和制度环境是监督企业职业健康服务社会责任切实履行的主要作用力。

另一方面，企业本质上是经济主体的性质决定了企业的根本出发点是谋求经济利益的最大化，企业自然会选择以尽可能低的成本去履行企业职业健康服务的社会责任。并且，企业自身的经济实力与发展规模、企业所拥有资源的多少在很大程度上决定和限制了企业真正履行职业健康服务社会责任的能力和水平；一个企业经济实力与规模发展的总体水平实际上很难达到制度要求，企业有限的经济实力与规模发展总体水平很大程度上决定了企业履行职业健康服务社会责任的能力和水平也是有限的。与此同时，企业的所有制性质及其行业性质对其社会责任价值观导向的影响非常大，这也会深刻影响企业职业健康服务社会责任的履行程度。此外，企业内部利益相关者对企业职业健康服务社会责任履行实践也有重要影响。因此，企业内部的多种因素是制约企业职业健康服务社会责任履行的重要因素。

企业就在社会价值观和制度环境的推动力与企业自身各种因素的限制作用力的博弈之下，努力寻求某种程度上的平衡与发展。当企业履行职业健康服务社会责任的要求在制度上形成并逐步得到推广之后，这一要求和规定的水平与标准就不可能再降低或者倒退，它只能提高和上升，这是一个刚性的制度规定；然而企业本质上是经济主体，且其自身经济实力与发展的总体水平实际上很难达到与制度要求同步提升，这在很大程度上决定了企业履行职业健康服务社会责任的能力和水平的有限性，这种限制把制度对企业职业健康服务社会责任履行的要求拉回到现实，使企业职业健康服务社会责任的履行现状与制度要求之间的距离难以消除，无法避免。而职业健康服务水平的刚性要求与规定，也使企业在有限的经济实力与发展规模之下，不能轻易去违反。因此，企业职业健康服务社会责任的履行现状与制度规定之间的差距，就在制度的理想性规定与企业自身现实条件这两股方向相反的作用力下，渐进地、动态地接近、靠拢。

随着社会的进步与发展，企业的社会主体地位会日渐凸显，企业履行职业健康服务社会责任的外部环境与制度要求会逐步发展成为企业生存与发展的合法性基础，缩小企业职业健康服务社会责任实际履行状况与制度安排要求之间的差距，已经成为社会发展与历史进步的必然选择和要求。面对主流社会价值观和制度环境对企业履行职业健康服务社会责任的要求日渐提高的现实状况，企业为满足社会合法性需要，必然要采取应对措施，包括在企业内部设立专属职能部门、制定与实施更完备的规章制度、更加注重员工的职业健康服务等。这必然会推动职业健康服务社会责任履行水平的提升，并逐渐趋向于制度的理想性要求，最终将会缩小企业职业健康服务社会责任实际履行状况与制度安排要求之间的差距。

三 职业健康服务实践与企业发展的战略契合点

随着社会的进步与发展，缩小企业职业健康服务社会责任实际履行状况与制度安排要求之间的必然差距已成为社会发展与历史进步的必然选择和要求，企业唯有切实履行职业健康服务社会责任才能具有生存、发展的社会合法性基础。这要求企业从长远发展角度出发，将企业对员工的职业健康服务社会责任真正纳入企业自身的战略性发展规划，在切实履行职业健康服务社会责任的同时最大限度地实现企业自身经济实力的提升和规模的发展。这种把企业的职业健康服务社会责任真正纳入企业自身战略性发展规划中的路径选择，表明企业把职业健康服务当作自身的"战略性企业社会责任"。这一切入点就是企业在外部推动力与内部限制力的博弈下，寻找企业职业健康服务社会责任与企业自身发展的平衡点，这也是最优发展的战略契合点。

(一) 战略性企业社会责任视角

战略性企业社会责任（Strategic Corporate Social Responsibility）概念的提出源于开明自立论（enlightened self-interest theory），即通过做好事获得好处（doing well by doing good）。① 而最早明确提出

---

① 尹钰林、杨俊：《可持续竞争优势新探源——战略性企业社会责任整合性研究框架》，《未来与发展》2009 年第 6 期。

"战略性企业社会责任"这一术语的学者是伯克（Burke）和洛基斯顿（Logsdon）。在他们看来，在企业社会责任中，不论是政策、项目，还是流程，只要能为企业带来大量的商业利益，就是战略性的。[1] 他们还提出了决定社会责任能否转化为竞争优势进而提高企业财务绩效的五个关键维度：可见性、专属性、自愿性、中心性和先动性；它们分别指企业所做的社会活动被其利益相关者感知的程度，融入社会责任元素的社会产品的差异化策略使企业从社会项目中获得经济收益的能力，企业自觉而非法律强制或财政激励参与社会活动，把社会议题提升到企业核心价值观层面使产品、服务与之紧密结合，企业主动寻找和把握机会而非被动回应。而霍斯特德（Husted）与阿伦（Allen）则将战略性企业社会责任定义为四种能力：一是为企业的资源和资产组合设置一致目标的能力（一致性），二是先于竞争对手获得战略性要素的能力（前瞻性），三是通过顾客对企业行为的感知来建立声誉优势的能力（可见性），四是确保企业创造的价值增值为企业独占的能力（专用性）。[2]

企业战略性社会责任概念的提出，有助于企业转换运作实践视角。在企业战略的层面，战略性企业社会责任把企业社会责任视为一种重要的战略工具。相对于非战略性企业社会责任而言，战略性企业社会责任应当是战略性而非响应性的，是前导性而非后发性的。[3] 战略性企业社会责任把社会公利与企业私利结合起来，使两者内在地统一在一起。

影响企业社会责任战略制定的因素很多，分别来自企业的内部与外部，从企业内部环境来看，企业的资源和能力是基础性的

[1] 欧阳润平、宁亚春：《西方企业社会责任战略管理相关研究述评》，《湖南大学学报》（社会科学版）2009 年第 2 期。

[2] Husted, B. W. and D. B. Allen, "Strategic Corporate Social Responsibility and Value Creation Among Large Firms," *Long Range Planning*, 2007a, 40: 594–610.

[3] 郭晓凌、陈可：《零售企业战略性企业社会责任与消费者响应》，《山西财经大学学报》2011 年第 7 期。

物质条件，而企业价值观和社会责任导向对企业社会责任战略的制定具有非常重大的影响，企业的各个利益相关者对企业社会责任的态度也会在很大程度上影响企业社会责任战略的制定；而从企业外部环境来分析，企业所处的外部制度环境对企业社会责任战略制定的影响力非常显著。与此同时，同行业企业、第三方组织等社会网络也会对企业社会责任战略的制定产生重大影响。

企业环境是不断变化的，使企业履行社会责任的行为与环境要求相适应，并对这些行为进行战略定位和规划，是战略化企业社会责任的重要内容。战略性企业社会责任行为和企业社会责任的实施，会提升顾客的忠诚度、提高生产率，为企业创造价值，产生显而易见的经济收益，使企业社会责任行为展现出"1 + 1 ＞ 2"的整合效果。

（二）职业健康服务实践与企业自身发展的战略契合点

从战略性企业社会责任的视角出发，企业应该从自身长远发展角度考虑，把企业对员工的职业健康服务社会责任真正纳入企业自身的战略性发展规划，使企业在很好地履行职业健康服务社会责任的同时，最大限度地实现企业自身经济实力与规模的提升和发展。这种把企业职业健康服务社会责任真正纳入企业自身长远的战略性发展视角，不仅能切实提升和改善员工的职业健康服务，而且有利于推动企业自身经济实力的提升与规模的扩大，实现社会公益与企业自身的协调发展。这就是企业在外在推动力与内在限制力的博弈之下，实现企业职业健康服务社会责任与企业自身发展的平衡点，且是最优发展的战略契合点。

尽管目前而言，企业履行职业健康服务社会责任会增加相应的生产和管理成本，但从长远的战略性发展角度来看，企业履行职业健康服务社会责任是有利可图的。就外部效应而言，企业切实履行职业健康服务社会责任，其社会活动被公众和社会感知的程度提高，将会得到社会和国家的认可，它会给企业带来很强的品牌效应和潜在的消费市场，让企业盈利；同时国家、政府也有可能由于其积极的社会示范效应在政策、资金等方面加大对企业的支持力度，从而降低企业的生产成本并拓展企业的社会影响力。从内部效应来看，企业切实履行职业健康服务社会责任，把职业健康服务社会责任的价值元素融入产品和相关服务中，使得企业从社会项目中获得经济收益；与此同时，也可以降低安全事故与职业病的发生率，减少管理成本，这实质上是把管理成本转移到职业健康与安全的保障和预防方面，必然会提升员工对企业组织的组织认同感和归属感，激发员工的工作积极性和主动性，推动企业生产质量与效率的提升，为企业带来巨大的经济效益。

（三）基于现实调查基础上的相关思考

2012～2013 年，我们在 Y 省的一些企业做了深入细致的调查研究，调查发现不同的企业对职业健康服务的履行程度是不同的，即便是同一集团企业中，尽管公司层面的制度背景相同，但是子公司对制度的履行情况也存在差异。基于对调查结果的思考，本章的结论是，在战略性企业社会责任理念的倡导下，企业要切实履行对员工职业健康服务的社会责任，应该沿着如下思路展开。

首先，主动制定和切实执行企业职业健康服务的社会责任发展战略。战略性企业社会责任是战略性而非响应性的，是前导性而非后发性的。因此，企业应该从自身发展的角度出发，积极主动地制定职业健康服务的社会责任发展战略，将职业健康服务社会责任的计划、实践和控制与企业自身的发展规划相结合。在此基础上，按照企业职业健康服务的社会责任发展战略和规划切实履行，从而使企业在职业健康服务方面形成长期的竞争优势，提升企业竞争力。与此同时，企业应该主动定期发布自身的企业社会责任报告，将自身职业健康服务社会责任的计划、实践的战略规划及其具体实践状况如实地展现给社会和公众，自觉接受社会和舆论的监督，进而提高公众和社会对企业的感知程度，得到社会和国家的认可。

其次，制定现实可行的职业健康服务制度，设置专职部门进行严格管理与监督。就我们的调查所及，大多数企业都建立了安全生产部，但其主要职能只是保障不出安全事故，而职业健康管理在许多企业中并未成为部门的重要日常事务。企业整体上的职业健康服务社会责任发展战略和规划，是其制定切实可行的职业健康服务具体制度的指导和原则；只有制定切实可行的具体制度，才能使员工的职业健康服务的实施真正有据可依。而设置专职部门尤其是专职人员对职业健康服务进行严格管理与监督，则是企业职业健康服务的组织保障，唯此企业的职业健康服务实践才切实有效。

还有一点值得注意的是，随着市场经济体制的改革，企业的自主权日益扩大，部分企业在用工制度方面做了改革性尝试，这就是采用用工与用人分离的劳务派遣方式。我们在调查中发现，企业对正式员工和劳务员工的职业健康服务待遇是不同的。而大量的农民工正是这种用工制度中的从业人员，他们作为人力资源，其身份在劳务公司，而作为工作人员，其身份则在相应的生产企业。由于劳务中介公司也是营利性组织，一些劳务中介公司对劳务工的相关责任履行不足。为此，如何保护劳务工的职业健康权益也是企业在职业健康管理中应该注意的问题。在当前企业与劳务中介公司合作进行员工招聘与使用的现实背景下，一些用工企业采用与用人企业合作的方式，通过选拔的方式把劳务员工转变为正式员工，使其享受到正式员工的职业健康服务。而如何切实实施劳务工的职业健康管理需要用工企业与派遣企业探讨广泛深入的合作方式，用工企业应当与派遣企业通过制度化的方式保障劳务工与正式员工享受到同等的职业健康服务；用工企业，在具体管理方面，尤其是在劳务工的劳动合同、社会保险及健康档案的管理方面，更应该与劳务中介公司沟通、协调，真正做到对劳务工职业健康权益的切实保护。

只有做到这些方面，企业才能真正寻找到实现企业职业健康服务社会责任与企业自身发展的平衡点和最优发展的战略契合点。当然不得不承认，企业职业健康服务社会责任的履行状况可能仍然无法达到制度规定的理想化要求，但至少能够实现很大程度的提升。这一契合点与制度要求之间的差距，不单单与企业职业健康服务社会责任的履行相关，也与政府、劳务中介组织等一系列相关主体息息相关。

第十一章

制度扩容与结构重塑

——农民工职业安全健康服务的适应性发展*

　　农民工职业安全健康服务不仅是企业履行战略性社会责任的关键方面，也是我国政府设计与安排制度时需要考量的重要方面。农民工职业安全健康问题的危害对象显然不只是农民工本身，其负外部性已经拓展到相关利益群体的身上。简言之，农民工职业安全健康问题的最大受害方确实是农民工本身，实际上无论是企业的长期发展，还是整个社会的有机团结都无不与这一弱势群体的健康状况密切相关。我国现有的农民工职业安全健康服务制度呈现的是一种"企业全责"、"政府压力"、"工会虚化"和"民工弱势"的运作逻辑。这使得企业的用工压力很大，难以解决农民工的"补偿脱轨"的问题。拓展政府在农民工职业安全健康服务中供给的领域，调整以企业、政府和工会为主的相关社会团体在农民工职业安全健康服务供给中的结构关系，促使农民工职业安全健康服务随着城市化范围的扩大而进行适应性发展，是实现农民工身份转型中权益保障的关键。本章以调研中获取的三家高风

　　* 本文作者王彦斌、杨学英，原文载于《江苏行政学院学报》2015 年第 6 期。

险企业①的实证资料为依据，同时关注中国企业普遍存在的问题，结合农民工职业安全与健康服务的实践情况，探寻职业健康的制度配给。

一 我国农民工职业安全健康服务供给中的困境

职业健康服务供给是指各类组织的成员在工作过程中被各种显性或隐性的职业健康风险因素威胁或伤害，并在已经或即将遭受职业健康风险危害时能够得到相应的保护。由于农民工主要在企业中就业，本章的讨论对象以企业为主。农民工在身份转型中实现其职业安全健康权益是当前中国企业管理中要面对的现实问题。从调查的农民工职业安全健康服务现状来看，企业在面对短期利益与长期利益、企业利益与雇员利益的矛盾时，选择短期利益的行为并不鲜见，这种看似理性的行为却难以在未来的竞争中立足。

（一）农民工社会经济权利不平等下的道德和伦理困境

调查表明，企业中的农民工由于是劳务性质的"临时工"，与正式员工在生命权和健康权上享受的待遇不一样。企业针对不同类型的员工采取不同的管理制度是精细化管理的客观要求，但仅仅是因为社会身份的差异而进行区别对待，是难以有公平可言的。从应然的角度来说，农民工与正式员工应该享受"同工同酬"的待遇，而实际上农民工与正式员工之间"同工不同酬"以及其他社会福利的差别化对待现象比较明显。这种差别主要体现在三个

① 该项调查实施的时间为 2013 年 3 月至 2014 年 3 月，其中对普通企业员工采用问卷调查的样本为 550 个，有效回收样本为 501 个（正式员工 260 人，农民工 241 人），样本有效回收率为 91%；访谈样本包括政府相关管理负责人、企业相关管理负责人和 20 余名农民工。调查的数据资料及访谈资料收集后分别运用 SPSS 软件和 Nvivo 软件进行处理分析。限于文本篇幅，仅呈现调查结果及结论。

方面：职业安全健康监护、职业安全健康教育、职业健康权益保障。

首先，农民工与正式员工获取职业安全健康监护的能力和机会不同。职业安全健康监护主要表现在职业安全资源的利用与劳动过程中防护措施的使用两个方面。农民工的工作时长大多受到企业项目工期的影响，常常工期结束农民工又需要寻找新的工作；同时由于趋利的目的性较强，他们也常常主动寻求薪酬更高的工作。鉴于农民工工作的流动性、短暂性和季节性特点，企业大多不愿也不可能为其提供固定性和长期性的职业安全健康服务。而正式员工无论从应然和实然的角度讲，都可以享受到企业为之购买的相关保险福利。正式员工和农民工在劳动防护用品的使用上也是存在区别的，正式员工的防护用品使用比例总体上比农民工的使用比例高。大部分正式员工承担的是管理性质的工作，而农民工几乎都在第一线的生产岗位上工作。相比较而言，农民工暴露于不利工作条件下的时间比正式员工更长，危险性也更大。实际上，由于生产的需要，即便使用防护用品也不能完全有效杜绝电光眼、尘肺病、硅肺等职业病的发生，只能是降低职业健康危害的程度。农民工一方面存在不会出问题的侥幸心理，另一方面嫌戴防护用品作业比较麻烦，不佩戴必需的防护用品就直接开展作业的情况屡见不鲜。职业健康监护档案是伤亡事故发生后的理赔资料证明和监控农民工职业健康发展态势的凭据，而企业却未有可持续的记录，使得这一凭据在农民工权益维护中的效用不能有效发挥出来。从事职业卫生健康检查的主检医生多来自其他临床专业，无职业病诊断医师资质。[①] 一些企业组织的体检，走形式的、完成指标的行为动机比较明显，而与职业病相关的检查鲜有涉及，即使进行了相应检查，大多数参与体检的农民工也未必知晓检查结果。

---

① 吴伟刚、简天理、罗琼：《职业健康检查和职业病诊断存在的问题和对策》，《中国工业医学杂志》2014 年第 2 期。

其次，农民工与正式员工的职业安全健康教育投入存在差别。企业对于正式员工基本能够做到职业安全健康教育的规模化和规范化，并对其投入大量的时间和成本进行可持续性教育投资。但对于大量的农民工而言，"师傅带徒弟"式的职业安全健康教育模式受到企业的青睐。这种教育模式具有灵活、容易接受、教育效果明显等优点，但也存在师傅职业安全健康意识水平低的问题。职业安全健康方面的知识往往是师傅在教授操作技能的过程中顺便提及，以至于农民工在基本的职业健康规则的认知上参差不齐。从目前的综合情况看，无论是企业领导还是农民工都只知道不利的健康环境对人的身体有伤害，但具体有什么伤害和应该怎样防范的知识没有充分的内化。大多数企业所能做到的主要是职业安全教育，更高层次的职业健康教育，其现状是不容乐观的；有的企业即使有心在职业健康教育方面采取相应的行动，也因农民工工作的流动性和短期性而使现有的职业健康教育机制无法奏效。身体健康的受重视程度尚且如此，那么心理健康方面的企业教育实践就更不值一提了。为此，职业健康教育对于企业来说，似乎是一个不愿选择的社会行为。

最后，农民工和正式员工的职业健康权益保障水平不相同。按照《中华人民共和国职业病防治法》第 36 条规定，用人单位应严格按照相关规定对在岗和离岗时接触职业病危害作业的农民工进行职业健康检查，所产生的费用一律由用人单位承担。[①] 实际上，农民工的职业病检查、复查以及康复治疗远没有达到法律规定。一些农民工即使认识到从事相应的工作存在职业安全和健康隐患，但迫于生计仍然选择从事高危害的行业，又由于企业的不重视不能得到相应检查和康复治疗。在高危行业工作的人群大多是农民工，这一群体相对其他职业群体而言，遭遇了劳动密集型

① 《中华人民共和国职业病防治法》第 36 条。

产业所带来的社会风险，受到社会剥夺的程度远远大于其他职业群体。有的企业甚至选择不签订劳动合同的农民工，以减少对职业病防治费用的投入。目前被确诊为职业病的农民工带病工作和被辞退的现象在一些企业中仍然很普遍。虽然相关法律规定用人单位一旦发现职业病人应该及时报告给相关政府行政部门，但实际的落实中存在诸多问题。因为企业实施的是事故发生后上级部门追究事故发生部门领导责任的事故责任制，这使得瞒报不报的现象仍然存在。特别是工伤事故发生后，工伤赔偿很少走制度化的途径，一些企业更倾向于选择私了，以便能降低事故赔偿交易中的成本。同时，农民工在利益追偿中的谈判能力和诉求能力处于弱势地位，这进一步削弱了工伤制度本身的保障效力。

（二）企业在农民工职业安全健康服务供给中力不从心

无论是在农民工的职业安全健康监护和教育方面，还是在其权益保障方面，一些有规模的企业已经在承担一些力所能及的责任和义务。但就整体而言，要切实保障农民工职业健康服务的有效性和全面性，企业往往"不愿做"也"做不到"。面对农民工职业健康本身所集聚的矛盾焦点，企业只能以"权宜之计"来对待。城乡二元社会中的制度性差异、常识上的"企业管辖边界放大"以及当前我国政府与市场的权力关系的不对称，这些现实决定了在农民工职业安全健康服务领域，企业只能是其中一个结构要素，没有政府和社会力量的介入，确实难以发挥结构要素之间的耦合效用。

企业在使用农民工过程中不得不面对我国长期以来存在的城乡二元结构所形成的"熵"①。"法律权利会强化经济权利，也会弱化经济权力"。② 目前农民工因其法律权利的弱势从而影响到其

---

① 里夫金·霍德华在《熵，一种新的世界观》一书中提出"熵"是指一种不能再转化为能量的功。本章借以指代长期存在的城乡二元社会结构带来的社会代价。

② 〔美〕约拉姆·巴泽尔：《国家理论——经济权利、法律权利与国家范围》，钱勇、曾咏梅译，上海财经大学出版社，2006，第22页。

在企业中应有的经济权利。农民工的这种弱势地位是由若干制度性原因所致，但企业在用工过程中又需要为他们的这一弱势地位的制度结果埋单。可以说，无论是在意识、能力方面，还是眼界方面，农民工弱势地位所产生的阶层短板都是企业在短期内难以解决的。因为这种对农民工的社会剥夺表面上看是企业所为，而实际上则是城乡二元结构下的制度运行所产生的代价。与正式员工相比，农民工职业安全防护意识相对薄弱，自我保护意识中缺乏科学知识的指导。农民工与正式员工在教育层面的差距，也不是企业一朝一夕就能够弥补的。有一定人力与社会资本储备的正式员工，有着更多的选择机会去规避职业安全和健康隐患；但对于农民工而言，在生存与安全健康之间的博弈中，生存的优先级显然要大于安全，尤其是健康。在城市中努力生存是农民工这一社会阶层必须面对的制度结构现实。

企业责任边界的放大模糊了政府与相关主体的责任。人们普遍认为，安全事故或职业健康危害的制造主体是企业，不太应该与政府或社会扯上关系。就政府而言，追究企业在职业安全健康事故中的责任已然是主流的管理取向。一旦发生危害性的职业安全健康事故，社会各方尤其是公众舆论的风向标首先指向企业，任何一家企业在应对这种突发性事故过程中不免战战兢兢，有的甚至铤而走险，能欺瞒则欺瞒。

（三）劳动关系紧张呼唤政府在农民工职业安全健康服务中承担责任

2013 年 7 月 1 日起施行的《中华人民共和国劳动合同法》第58 条规定：劳务派遣单位应与被派遣劳动者订立劳动合同。① 事实上，一些有一定规模的用工企业，在管理上主要关注的是生产运行情况，而对于劳务公司的员工来源和其本身的职业安全健康状

---

① 《中华人民共和国劳动合同法》第 58 条。

况则不太重视。因为在委托代理关系下，这些问题都是劳务公司（中介公司）的分内职责，用人单位很少过问。目前许多企业在用工方面呈现多样化的特点，企业中有多种身份的雇员，除了有正式工人和农民工外，农民工中也有多种身份层次——组织化的农民工和自组织的农民工。组织化的农民工主要指劳务派遣公司招聘培训后向相关用工单位提供的农民工；自组织的农民工则是指因某个项目急需人手，由某一牵头人临时召集的一群没有组织归属的农民工。组织化的农民工与自组织的农民工相比能够享受到更为正式的待遇。

与劳务派遣单位订立过劳务合同的组织化农民工往往能够获得部分权益的保障，若出现伤亡事故也可通过工伤保险这一渠道获得救济。《中华人民共和国劳动合同法》中第58、59条规定，劳务派遣单位是法定所称用人单位之一，应当履行用人单位对劳动者的义务，劳务派遣单位派遣劳动者应当与接受以劳务派遣形式用工的单位订立劳动派遣协议。[①] 由于用工单位和用人单位完全分开，加之现实中一些用人企业的项目经常被层层转包，转包过程中致使用工企业和项目承包方之间的关系复杂化。虽然《中华人民共和国侵权责任法》第34条明确规定了用人单位的工作人员因工作对他人造成损害的，由用人单位承担侵权责任[②]。但实际上，劳务转包过程中也会出现矛盾转嫁的问题，有的项目承包方故意拖欠农民工工资，激化农民工和用工单位的矛盾，导致"侵权行为人和侵权责任承担人出现了分离"[③]；也存在农民工在用人单位的唆使下状告用工单位的情况，最后这一矛盾还得由政府出面才能解决。

①　《中华人民共和国劳动合同法》第58、59条。
②　《中华人民共和国侵权责任法》第34条。
③　王立明：《析用人单位或者用工单位的替代责任》，《青海民族大学学报》（教育科学版）2011年第1期。

农民工职业安全健康服务的实现不仅涉及法律领域的委托代理与权益转换的问题，也面临着短期收益与长期投入之间的矛盾，这为企业带来了潜在的风险。企业在职业安全健康服务实现中已经具备了一些履行义务的基本设置。对于经济效益比较稳定的大型企业而言，它们基本上都能够有效履行职业疾病的防护义务，但在需要高成本和长期投入的职业病干预上义务的履行情况不甚乐观。究其原因，除了企业自身执行能力不足之外，更重要的原因是职业安全健康服务的实现仅仅靠企业本身是难以实现的。

二　中国职业安全健康服务制度供给状况与国际经验

目前，我国的农民工职业安全健康服务的供给主体主要为企业、政府和工会。每个主体在服务供给中扮演的角色和担负的责任有所不同，其间存在诸多落实与衔接不良的问题。在这些方面，国外的经验具有可借鉴的价值。

（一）职业安全健康服务的供给主体状况

企业在农民工职业安全健康服务供给中尚需努力。对于我国企业来说，职业安全健康服务的制度供给主要涉及职业安全资源与条件、职业安全教育和有限的职业安全权益保障。除了提供作业中的基本防护、建立企业内部防控机制、制定操作规程和安全规章之外，企业还设置了安全管理员，负责生产过程中安全事项的监督和检查。尽管一些企业开始设置专职职业卫生管理员，实际上他们所从事的主要工作仍然是监督和检查工作，企业的相关服务仍然主要集中于职业安全层次。众多企业实质上还未能真正达到职业安全与职业健康并重的服务与管理水平。由于职业健康实现的长期性、高投资性以及隐蔽性，一些企业受到自身资源和能力条件的限制尚未把其列为企业发展的规划目标。

政府在农民工职业安全健康服务供给中部分缺位。目前，我国已经出台了一系列有关职业安全健康服务的制度，主要有《中华人民共和国劳动法》、《中华人民共和国合同法》、《中华人民共和国工会法》（以下简称《工会法》）、《中华人民共和国职业病防治法》、《国务院关于特大安全事故行政责任追究的规定》、《工厂安全卫生规程》、《企业员工伤亡事故报告和处理规定》、《危险化学品安全管理条例》、《工会劳动法律监督试行办法》、《基层（车间）工会劳动保护监督检查委员会工作条例》、《有害作业危害分级监察规定》、《粉尘危害分级监察规定》、《劳动防护用品管理规定》等，总共有 50 多部法律、规定覆盖职业安全健康领域。从形式来看，我国在职业安全健康服务方面的制度比较全面。但从效力来看，制度执行的偏差和执行力不足的问题比较突出。况且与农民工职业安全健康服务密切相关的制度规定几乎都存在法律效力层次较低的情况，更多的是一些办法、条例、规定、规范等，以至于在执行过程中相关部门不够重视。当然，也存在法律规定与企业的实际操作不相吻合、不同的法律规定互相"打架"的情况。地方政府对职业健康防护的监控主要采取抽查的方式，而职业健康监管则是"九龙治水"，分属于不同的部门。这种碎片化管理导致在实际监管中存在互相推诿、扯皮的现象。

工会及社会团体的权利在农民工职业安全健康服务供给中亟须落实。根据《工会法》、《企业工会工作条例》和《中国工会章程》的规定，工会具有维护劳动者合法权益的法定责任。但无论是从组织的设置上还是从人员的安排上来说，工会都不能充分实现其为员工维权的功能。究其原因，工会是企业体制安排中的一个结构要素，其不仅在组织结构设计上依附于企业，而且一些企业领导同时又是工会领导，这种"双肩挑"模式更是弱化了工会的独立性。既当裁判员又当运动员的工会制度，使企业工会在实践中变成一种摆设，其存在的价值和行动由企业决定。这种借用行政管理体制中的"对口管理"模式钳制了工会作用的发挥，也在一定程度上导致这一权力的运行难以得到有效的监督。农民工权益的维护应是企业工会的分内之责，但在实际管理活动中其承担的更多的是协调员工之间的矛盾、调解家庭纠纷、组织娱乐活动、进行思想政治教育等工作，有的工会甚至成为领导班子的"一条腿"，承担了大量的行政性工作。由此导致的是农民工权益的维护也受到组织部门的影响，"上有政策，下有对策"的处理方式在农民工及其安全健康服务工作中普遍存在。出现安全事故以及健康问题时，企业工会通常运用"内部协调"和"动用亲情"、"人情资源"使得大事化小，小事化了。在这一应急模式之中，农民工始终处于信息不对称的"弱势群体"一方，缺乏相应的力量为其主张话语权。

（二）一些国家或地区的可借鉴的相关经验

从相关国家的做法来看，在涉及农民工[①]职业安全健康服务供给的实践方面，其突出的做法主要有如下几种。第一，引入公私伙伴关系模式，强调"农民工职业安全健康服务是企业战略性社会责任的重要组成部分"[②]。企业治理和企业社会责任之间的衔接改变了企业的问责机制，企业需要发展成为一个"自律性的"社会责任主体。在劳动密集型经济体中，没有社会责任驱动的社会联盟就难以确保对企业的长期承诺进行问责。因此，发展企业社会责任不应该只依赖私人部门，而应该强调需要制定适当的规章

---

① 在国外的文献中，学者们更多使用的是"migrant workers"或"immigrant work-ers"，翻译过来为"移民工人"或"流动性工人"。本章的比较分析更多强调的是这类工人从事的职业具有"流动性""弱势性"等共同特点，而不考虑中国话语体系下的"农民工"与国外流动性工人之间的制度差异和文化场域的区别。

② 王彦斌、李云霞：《制度安排与实践运作——对企业职业健康服务社会责任的社会学思考》，《江海学刊》2014 年第 2 期。

制度。① 一些国家在农民工职业安全健康服务供给的实践中已经引入战略性社会责任的理念，强调服务供给中公私伙伴关系模式的建设。比如让专业的职业健康医务人员介入其中，为农民工提供医疗治疗服务、健康教育和人员培训等服务。② 第二，依托社区，在社区工作开展过程中增进社会团结。新西兰乳制品行业的工人经常暴露于危险的农业化学品当中，并在生活的社区中受到了歧视性的对待。当地的相关部门通过社区工作项目缓解社会排斥，促进社会联系。③ 美国也通过开展社区职业健康项目，提高流动性工人群体对相关职业危害的认知，增加他们与社会的联系。④ 第三，政府在职业安全健康服务中扮演积极的角色。美国在职业健康规制过程中不仅重视职业安全而且关注职业健康，在健康改进和社会投入之间寻求均衡点。在美国，政府除了采取强制性措施，还采取了多种支持引导性措施，包括咨询服务、安全与健康教育培训以及信息服务。从美国的经验来看，企业职业安全健康服务制度的供给呈现出多元主体参与、合作共治的特点。美国企业不仅重视企业自身在职业安全健康服务方面的供给，同时政府、工会与社会团体的支持体系也相对完善。政府在职业安全健康服务的供给中除了扮演监管者的角色之外，更为企业提供了外部的资

① Mia Mahmudur Rahim, Shawkat Alam, "Convergence of Corporate Social Responsibility and Corporate Governance in Weak Economies: The Case of Bangladesh," J Bus Ethics, 2014, (121).

② Balkrishna B. Adsul, Payal S. Laad, Prashant V. Howal, Ramesh M. Chaturvedi, "Health Problems among Migrant Construction Workers: A Unique Public – private Partnership Project," *Indian Journal of Occupational and Environmental Medicine*, 2011, 15 (1).

③ Rupert Tipples, Philippa Rawlinson, Jill Greenhalgh, "Vulnerability in New Zealand," *Dairy Farming: The Case of Filipino Migrants*, New Zealand Journal of Employment Relations, 2011, 37 (3).

④ Stephanie Farquhar, Nargess Shadbeh, Julie Samples, "Santiago Ventura and Nancy Goff. Occupational Conditions and Well – being of Indigenous Farmworkers," *Am J Public Health*, 2008, (98).

源和支持条件。工会及相关社会团体为企业职业安全健康的实现提供教育咨询、培训、监督与合作等服务。当然，在美国、德国等国家，职业健康教育的主要从事者除企业之外，更为重要的推动力量是政府、社区、非政府组织等。[①] 这些主体与企业展开了职业安全健康服务方面的合作。第四，将职业病纳入国家医疗保障体系，工人享受相应的社会保险保障。稳定的就业和良好的工作条件可以保证个人基本健康和人力资本保值增值，暴露在不利的工作条件下，工人则会产生身体和心理健康问题，滋生和加剧健康不平等问题，因此缓解健康不平等和改善工作条件应保持公共卫生优先。[②] 由于"严重的事故会影响农民工的收入潜力，无事故赔偿支付更会加剧其社会地位弱化的状况"[③]，应有相应的医疗保障可以救济那些无能力支付工伤事故赔偿的弱经济实体。在美国，获得医疗保健需要由雇主提供集体保险计划。在加拿大，工人遭受职业伤害时可以依靠公共医疗系统。在魁北克地区，根据收入水平缴纳相应保险即可获得广泛的医疗保健服务。因此，工伤补偿是一种在职业活动中为获得保障而设置的措施。[④] 有的国家或地区把工伤和职业疾病纳入国家的保障范畴，不仅发挥提供社会福利的作用，还把其作为社会公平的道德考量进行服务的供给。

---

① 张红凤、于维英、刘蕾：《美国职业安全与健康规制变迁、绩效及借鉴》，《经济理论与经济管理》2008 年第 2 期。

② Andrea C. Dunlavy, Mikael Rostila, "Health Inequalities among Workers with a For-eign Background in Sweden: Do Working Conditions Matter," *International Journal of Environmental Research and Public Health*, 2013, (10).

③ Rupert Tipples, Philippa Rawlinson, Jill Greenhalgh, "Vulnerability in New Zealand Dairy Farming: The Case of Filipino Migrants," *New Zealand Journal of Employment Relations*, 2011, 37 (3).

④ Sylvie Gravel, Bilkis Vissandje'e. Katherine Lippel, Jean - Marc Brodeur, Louis Patry, François Champagne, "Ethics and the Compensation of Immigrant Workers for Work - related Injuries and Illnesses," *J Immigrant Minority Health*, 2010, (12).

三 农民工职业安全健康服务的
制度扩容与结构调整

"制度扩容"是指根据社会发展的需要，扩充制度的范围、填补制度的空白和增加制度参与的主体，等等。任何制度的扩容或拓展均离不开理念的指导，基于企业的现实与我国目前农民工职业安全健康服务供给的状况，企业与政府的角色不应该是一种非此即彼的。企业面对的外部场域是实现农民工职业安全健康服务的关键力量，农民工职业安全健康服务的实现显然还需要注入新的资源和支持、扩充政府在该领域中的制度涵盖容量。建构多元主体合作共治的制度体系将是农民工职业安全健康服务实现即企业战略性社会责任实现的现实选择。

（一）多元主体合作共治的模式构想

不能将企业工作场所安全与健康的收益完全内部化①，对农民工的职业健康服务需要考虑其外部性收益。从理想的制度设计出发，政府必须对职业安全健康服务进行科学合理的规制。这一政府角色的界定假设政府是公共性、公益性代表的化身，能够站在弱势群体的立场维护社会正义和公平。实际上，履行监管职能的地方政府相关部门在实际的职业安全健康服务提供过程中，可能存在自利的动机。而那些弱经济体企业，其自身难以独自承担所有农民工职业安全健康服务费用，又因为农民工务工本身的特点使企业不可能应对职业疾病的后续管理。面对这一非线性的复杂问题，单纯指望企业似乎也不现实。因此，政府与企业在农民工职业安全健康服务供给中存在张力，迫切需要寻求一种公私合作、

---

① 张红凤、于维英、刘蕾：《美国职业安全与健康规制变迁、绩效及借鉴》，《经济理论与经济管理》2008 年第 2 期。

共同治理的制度供给模式。

由此，我国农民工职业安全健康服务的制度扩容需要在整体性治理视角下构建政府、企业和工会等社会团体共同合作、各司其职的治理结构。这些制度主要有：①职业安全健康工作的顾问及信息咨询制度；②职业安全健康培训制度；③职业伤病保险和社会保障体系的协同制度；④微型、中小企业和非正规经济主体的资源条件支持机制；⑤国家和企业围绕职业风险或危害的源头治理、控制和评估职业安全健康文化建设的协商制度；⑥以工会为主的社会团体服务制度；⑦政策效力公示制度。这一制度扩容假设参与农民工职业安全健康服务的各方主体能够互相合作、功能互补、相互监督、职能分配合理。不管是政府，还是企业和工会都能有效地意识到自身担负的社会责任。七项制度均需要各个主体之间的合作治理才能实现制度的功能。

目前，地方政府作为公众利益代表者不能代表公众、企业不能或不愿承担对农民工的社会责任、工会与相关社会团体在维护农民工职业安全健康权益上的缺位等现象还继续存在。解决这一问题的一种思路为多元共治。农民工职业安全健康服务多元主体参与的合作共治模型应该具有如下特征[①]：一是以解决农民工职业安全健康服务中的问题为合作导向；二是农民工及代表参与到治理过程中，能够主张本群体的基本权利；三是政府和企业改变传统的角色；四是地方政府加大投入力度，地方政府应该是多方利害关系人进行协商的召集者和动员者，激励多方主体共同参与治理。

（二）合作共治模式中制度扩容的维度

农民工职业安全健康工作的顾问、信息咨询制度。承担农民工职业安全健康工作中顾问、信息咨询任务的主体可以是政府、

---

① 〔美〕朱迪·弗里曼：《合作治理与新行政法》，毕洪海、陈标冲译，商务印书馆，2010，第34页。其中关于"合作的规范模型"的知识，受启发于该书中部分论点。

企业或工会和其他社会团体。可通过设立专职的职业病医师定期或定点为农民工开展职业疾病的预防和干预工作，政府担负各种计划性项目或活动信息宣传和输送的职能，地方政府更可定期组织农民工职业安全健康方面的讲座、座谈或联席会议。

农民工职业安全健康培训教育制度。长期以来，农民工职业安全健康培训的任务主要是由企业来担负。特别是劳务雇佣制下的农民工，用人单位和用工单位之间的培训教育责任比较模糊，双方都存在农民工职业安全健康教育中节约成本的行为。由政府和社会团体出面提供职业安全健康服务的培训，可以解决用人单位和用工单位之间的成本博弈问题。

职业伤病保险和社会保障体系的协同制度。2009年，国务院办公厅印发的《国家职业病防治规划（2009—2015）》中明确规定，要将稳定就业的农民工加入城镇员工医保。这一规划如果能在各行业的企业中落实，一定程度上能够缓解企业承担的农民工职业伤病压力。分类提供职业安全健康服务的设想（不同行业采取不同的工伤缴费比例）可以在制度创新中进行实践，当然这一设想的落实需要政府在提供农民工职业安全健康服务中进行组织流程的再造。德国在职业安全健康服务中的举措一定程度上可以为我们所借鉴。德国把职业安全健康服务纳入工伤保险中，实行保费与工伤事故挂钩的制度。如果工伤事故是责任事故，则下年的保费会大大增加。

微型企业、中小企业和非正规经济主体的资源条件支持机制。在我国，微型企业、中小企业和非正规经济实体在整个国民经济中发挥着重要的作用。这些企业由于自身资金和资源的不足，往往会选择劳动力成本相对低廉的农民工，获取短期利益是其理性的选择。它们在用工过程中大多不能为农民工提供合法的劳动安全健康的防护，至于主动采用先进技术改善劳动条件更是难以企及。一旦出事，它们可能倾家荡产也无力履行赔付的义务。因而，建立对微型企业、中小企业和非正规经济主体的资源条件支持机制是维护我国经济健康发展的必要举措。

围绕职业风险或危害的源头治理、控制和评估、职业安全健康文化建设的协商制度。目前危险源辨识中存在"重安全，轻健康"的现象。在职业风险或危害的源头治理、控制和评估、职业安全健康文化建设过程中，仍然存在各自只从自身的便利性、利害性、紧迫性角度来进行管理的问题。对于职业安全健康制度的实施对象——农民工来说，一方面，缺乏相应的渠道保证其能参与涉及切身利益的制度建设之中；另一方面，当他们不足以在制度建设过程中发出声音时，也没有一种替代性的主体为其伸张正义。当政府、企业和农民工之间的权力不平衡时，构建一种多元主体参与的协商制度尤为必要。这一协商制度应该能够整合各方力量，培育和建设农民工职业安全健康信息共享、培训支持、合作治理的预防性企业文化。

以工会为主的相关社会团体服务制度。工会作用的有效发挥受到其自身的地位、成员的素质、独立性、领导重视程度等因素的影响。工会领导由企业的领导兼任，实际上是"自己监督自己"，在生产性目标压倒一切的情况下，工会应有的功能往往趋于萎缩。当利益纠葛或矛盾凸显时，原本能够发挥磨合作用的工会却因其自身尴尬的身份和地位而成为摆设。创新以工会为主的相关社团进行农民工职业安全健康服务的制度，不仅要求工会作为独立性主体角色功能的实现，也要求其他多元社会团体能在这一公共服务的提供中发挥监督、支持和合作等作用。

政策效力公示制度。政策执行中的"上有政策，下有对策"，常常导致政策执行效力低下而产生政策失灵的现象。实际上，综观我国已有的关于农民工职业安全健康的政策法规，已经在覆盖面上达到政策制定的初衷。政策执行中的追踪反馈不能有效体现政策的公开、透明，制定再好的政策也是徒劳。如果上级主管部门为利监管，下属单位疲于应付各类检查，那么检查工作一结束，整顿的部分仍然没有改观。创新各级单位的政策执行效力公示制度，可以在一定程度上促进农民工职业安全健康服务政策的实施。

当然，农民工职业安全健康服务的制度扩容不只以上七个维度。本章从实践理性角度提出的结构调整构想也必然遭遇挑战，鉴于当前农民工职业安全健康服务中的各种困境，以上七个维度相对而言是易于落实的，也是实现农民工合法权益的制度性保障的基础。农民工职业安全健康服务的结构性调整，肯定会涉及利益主体之间的博弈。在这场博弈当中，应该秉持何种道德和伦理立场，选择什么样的政策取向是制度扩容的关键议题。因此，农民工职业安全健康服务制度的拓展旨在实现以平等的社会经济权利、共享的职业安全健康制度、负责任的职业主体和合理的劳资张力为核心的道德诉求。

第十二章

职业健康服务与企业社会责任[*]

　　2009 年张海超"开胸验肺"事件的出现，使得整个中国社会开始把本来是隐性层面的职业健康服务问题推到了显性的层面。基于对这个震撼人心的事件的感受与思考，国人普遍认为以追求经济利益为目标的企业必须担负其员工的职业健康服务社会责任。考察中国的相关法律法规，可以发现，企业确实必须承担职业健康服务的法律主体责任。在中国的现实状况是，企业履行职业健康服务社会责任的情况有差异，效果令人不满，与社会期望和法律规定之间存在差距。保证健康是人的基本生存权利，关注职业健康服务问题就是关注人的基本权利，这是一个在理念上涉及社会公平正义的问题。如何解决社会发展过程中日益突出的职业健康服务问题，成为中国社会应该考虑的重要问题之一。同时，对职业健康服务问题的关注与研究顺应了国际和社会发展的趋势。从国际环境和社会发展的趋势来看，企业对利益相关者的社会责任的履行逐渐成为一种潮流和趋势，随着 ISO 26000 的颁布，对社会责任这一概念的含义已有了新的解释并开始大大拓展。本章解

---

* 本文作者王彦斌，原文载于《深圳大学学报》2017 年第 5 期。

释和探讨职业健康服务与实现社会责任的关系，以图为解决这一现实问题提供解决的途径。

一　职业健康服务讨论的缘起与关键问题

随着人类文明的进步和对社会正义的追求，职业健康服务开始从特殊行业领域的问题渐渐成为具有公共性的社会议题，其涉及的问题是防范与治疗劳动者因长期从事特定职业工作而出现的疾病。职业健康服务之所以能够随着社会的发展渐渐为人们所重视，与社会进步过程中科学技术水平的提升有重要关系，更与人类对社会公平正义的不懈追求有直接关联。随着人类对人的生命价值倾入更多的人文关怀，人们对职业健康服务日益重视，随之而来的是职业健康服务应有的覆盖面也渐渐在扩展，从最初仅仅界定为工作过程中导致的身体伤害到现在工作过程中导致的心理压力大，这些都成为引起关注的职业健康服务问题。

关于职业健康服务的讨论，是伴随着第二次世界大战的结束逐渐兴起的。其理论与实践分别基于企业雇主和雇员的角度展开，从雇主的角度分析是把组织成员看作人力资本，从雇员的角度则是强调从事职业活动的社会成员有"职业健康服务权"。20世纪50年代，经历了第二次世界大战的各国都开始为恢复经济而提出诸多新政。20世纪初"血汗工厂"导致工人在工作中出现安全问题与健康恶化，从而影响到生产效率，出于对这一经济原因的考虑，职业健康服务引起了社会多方的重视。20世纪60年代，新古典主义经济思潮开始推动发达资本主义国家在经济发展的过程中从注重物质与金融资本的模式转移到注重人力资本模式，学者们更加注重个体健康与经济增长之间的相互关系。福格尔（Fogel, R.）、埃尔利希（Ehrlch, F.）等分别从人们的健康和营养状况、人力资本与经济增长的相关性入手，证明人们的职业健康服务对经济发展的重要性，人力资本作为国家发展的动力机制与职业健康具有正相关关系。[①] 20 世纪 90 年代随着第三次现代化浪潮席卷全球，学界对于职业健康服务又有了新的研究视角。一项基于中国的研究发现，职业健康服务水平与边际劳动生产率呈正相关关系。[②] 这在一定程度上验证了职业健康服务状况对企业的劳动生产率有至关重要的作用。

关于职业健康服务研究的另一个角度是雇员的"劳动保护权"。英国工业革命开始后，大多数生产企业的目标是获得更多的经济利益，其对雇员的劳动条件、相应的生命安全和健康完全忽视，由此人类社会经历了"血汗工厂"阶段。经过劳动者的不懈努力，1802 年英国议会通过世界上第一部关于职业健康服务的法规——《学徒健康与道德法》。此后一些国家开始考虑和推进改善劳动条件，不断促进各种职业健康服务相关法规的制定。1970 年，由于工伤事故不断和职业性健康危害日益严重，美国正式颁布并实施了世界上第一部完整的《职业健康服务法》，成立了国家职业安全与健康管理局，使工人的职业健康服务权得到了保护。这一法案的颁布不仅促进了美国职业健康服务活动的全面推广与发展，也促成了大量与职业健康服务相关的研究。此后，一些发达国家建立相对健全的职业健康服务安全管理体系，对职业健康服务的研究也比较深入和全面。20 世纪 80 年代后期，构建职业健康服务与安全管理体系（occupational health and safety management system）成为国际社会尤其是发达国家安全健康管理的新热点。

在中国，由于在突飞猛进的现代化进程中出现了职业健康服务事故，党和国家领导人多次部署安全生产工作；2001 年制定并

---

① 转引自王曲、刘民权《健康的价值及若干决定因素：文献综述》，《经济学（季刊）》2005 年第 4 期。

② 刘国恩、William H. Dow、傅正泓、John Akin：《中国的健康人力资本与收入增长》，《经济学（季刊）》2004 年第 4 期。

于 2011 年、2016 年两次修订的《中华人民共和国职业病防治法》，明确规定各种用人单位对劳动者在工作过程中所受到的潜在职业病风险及其引起的职业病具有防范和治疗的责任。

正是在法律的基础上，"职业健康服务权"的概念得到确认，它包含权利主体、义务主体、权利客体和权利内容四个方面，涉及组织成员在工作场所和工作过程中能够预防、控制所受到的伤害，以及健康受损后的救济措施等一系列权益。[①] 其实，职业安全与职业健康息息相关，在性质上都属于广义的职业健康问题，只是前者具有突发性和短期性的特点，后者则具有迟发性和长期性的特点。无论是广义的职业健康问题还是狭义的职业健康问题发生都源于一系列不安全的环境因素，职业健康与职业安全密不可分，如果整体上重视职业健康问题，就可以大大减少职业安全问题的发生。从个体权利角度来看，二者都是社会成员个体最基本的生存权利。随着社会的发展，职业健康与安全问题的统一性越来越强，因而当代社会渐渐把职业健康与职业安全共称为职业健康。为此，2016 年再次修订《中华人民共和国职业病防治法》，健康服务管理的问题得到重视。[②]

二 中国企业职业健康服务的实践及其困境

（一）中国职业健康服务的实践状况

职业健康服务的目标对象是组织中的个体成员，职业健康服务是其作为行动者在组织中进行职业活动时应当享有的权利。由

---

① 李孟春：《农民工权利保障的缺失及救济——以职业健康权为例》，《湖南公安高等专科学校学报》2010 年第 4 期。

② 2016 年 7 月 2 日，新修订的《中华人民共和国职业病防治法》于中华人民共和国第十二届全国人民代表大会常务委员会第二十一次会议通过公布。其更加强调职业健康中卫生部门的介入问题。

于组织总是以一定的组织利益为目标而组建的，组织是由组织成员构成，存在于一定的外部社会环境之中，涉及各种利益相关者等，因此关于职业健康服务的内容甚至主体也会随着社会的不断发展而变化。

在中国，企业是实施职业健康服务的主体，其实施的内容包含两方面：安全和健康。安全生产管理方面涉及安全管理制度和安全生产工作标准，其核心是保证企业员工工作过程的安全性；健康服务管理涉及健康监护、工作场所管理、防护设施设置和应急管理等方面，目的是预防企业员工因工作而罹患职业疾病，保障员工的健康和基本权益，其参照的主要依据是职业病防治法与劳动法等相关法律。

目前企业在实施职业健康服务方面存在的问题多集中于企业对其组织成员特别是非正式员工可能罹患职业病风险的重视程度不够，并且缺乏相应的制度建设，大多也没有采取积极的措施来提供相关的职业健康服务，因而总体上职业健康服务水平不高。现有研究表明，我国一线生产工人尤其是外来务工的农民工受到的职业健康危害威胁较大，并且由于保障制度及措施不足又增加了其罹患职业病、发生安全生产事故的风险。一项分别针对天津市和西安市的研究发现，86%的外来务工人员从事有毒有害作业，且防护措施较为缺乏[1]；而且企业普遍存在农民工等非正式员工体检率低、缺乏健康档案的情况[2]，企业在发现及预防组织成员职业病，以及患病后的处理与保障方面仍有很大改进空间。[3] 而在职业健康服务保障方面，存在一些企业对患有职业病的组织成员推卸

---

① 王伟、蔡建平：《三资企业外来工职业危害现状调查》，《职业与健康》2002 年第 3 期。
② 王彦斌、盛莉波：《农民工职业安全健康服务的供给现状：基于某大型有色金属国有企业的调查》，《环境与职业医学》2016 年第 1 期。
③ 王彦斌、杨学英：《制度扩容与结构重塑——农民工职业安全与健康服务的适应性发展》，《江苏行政学院学报》2015 年第 6 期。

责任的问题，并且在农民工等弱势群体罹患职业病后缺少对当事人的制度保障等。张海超"开胸验肺"事件中，当事人长期工作在缺乏安全保护的环境中而患上尘肺病，却因用工单位推脱、医疗机构不负责任等行为而迫不得已采取"开胸验肺"的方式自证患有尘肺病。对此，"唯有填补制度漏洞，张海超无奈的自残'自救'，才能转变为具有制度性保障的依法'他救'"①。

总体来说，我国企业对于组织成员的职业健康服务关注及重视程度不够，制度规范与具体预防保障措施较为缺乏；同时从企业自身来说，开展职业健康服务的内外部环境及资源的制约也是职业健康服务出现诸多问题的重要原因。

（二）中国企业实施职业健康服务面对的困境

为了保障职业健康服务的实施，政府部门制定了很多规制性的法律法规。这些法律法规为企业承担职业健康安全防护的实际运作提供了一种制度保障，也为政府监督企业提供了系列标准和法律依据。

然而，现有的法律法规中对职业健康服务管理的主体设置及服务管理所需的资源是现有企业面临的制度短板之一。企业经营的首要任务是生产绩效的获得，而职业健康服务并不能为企业带来直接效益，需要企业在实施时投入专门的人力、财力与物力。按现有职业健康服务的制度安排，这项管理行动的实施主体是企业，企业的能力和动力会影响职业健康服务运行所需资源的投入与运行。由此而导致的是，大中型企业出于责任和被监管等原因重视的程度高于微型、小型企业，很多小企业则存在力不从心的问题，企业履行的程度不一，总体效果不佳。基于同样的原因，一些企业在职业健康服务管理方面的意识也不强，因为职业病是员工在工作中罹患的慢性疾病，企业更多地关注员工在短期内或

---

① 罗时、王玉震：《"开胸验肺"事件暴露了什么》，《劳动保护》2009年第9期。

者在劳动合同期间内不出安全生产问题。另一个问题是，自 1999 年原国家经贸委引进 OHSAS18001 标准并颁布《职业安全卫生管理体系试行标准》以来，许多企业按照这一标准建立了职业健康服务管理体系，但仍有部分企业无法将企业已有的安全生产管理模式与职业健康服务管理体系有机整合，加之对标准的某些要素的理解有差异，因此体系在实际运行中存在许多问题。[1] 企业的现实情况表明，国家虽然有较为完善的职业健康服务制度，大部分企业也对之有很强的实施意愿，但实际运行效果仍不尽如人意。这说明在制度的落实环节存在问题，或者制度设置本身存在问题。

国家在职业病防治方面尽管建立了初步的职业健康服务保障法律体系，但面对纷繁复杂的员工职业健康服务问题，相关法律体系明显还有很多不足与改进空间。2011 年和 2016 年修订的《中华人民共和国职业病防治法》在职业病防治责任主体、制度与操作规范、工会的作用与保障劳动者权益等方面做出了较为清晰准确的表达，有助于企业员工防护与治疗职业病、保障自身的健康权利。然而，仍然存在诸多问题，突出的问题是在"职业诊断、鉴定的法律救济机制与赔偿机制，以及工会的监督权限"[2] 等方面依然缺乏明确的规定，例如职业病的鉴定仍为一些专门化医疗机构所垄断。而且由于惩罚力度加大，在实施的过程中势必会"过度加重用人单位的负担"[3]，造成企业运行成本增加，导致企业组织自觉遵守该法的边际成本增加，由此也降低守法的积极性，最终使得从事相关工作的企业员工的健康受到直接伤害。

应该肯定的是，在中国关于职业健康服务管理的实践中，相

---

[1] 段森、王起全、严琳：《职业健康安全管理体系运行中若干问题的探讨》，《中国安全科学学报》2010 年第 3 期。

[2] 姚秀兰：《职业病防治立法中的缺陷及其完善——以职业病救济为视角》，《江西社会科学》2012 年第 2 期。

[3] 李凯：《〈职业病防治法〉修改若干问题研究》，《延边党校学报》2012 年第 3 期。

关政策和法律法规不断完善，组织架构也有相应调整。新中国成立后，国家制定过各种相关的政策和法律法规，尤其是在 2011 年修订的《中华人民共和国职业病防治法》中强调，职业病的防治要"建立用人单位负责、行政机关监管、行业自律、职工参与和社会监督的机制，实行分类管理、综合治理"①。同时，防治职业病相应的监管主体，由卫生部一家负责变为由卫生部门、安全监督部门、人力资源和社会保障部门三部门共同负责②，这表明从国家层面上人们已经意识到这个问题不仅仅是一个简单的医学健康的问题，而是一个具有公共性的社会问题。这样的制度安排，符合党中央这些年强调的以人为本的科学发展观的精神，也是顺应全球发展和世界潮流的价值伦理回归。

三　职业健康服务与企业社会责任的关联性

（一）关于企业社会责任的主要观点

企业社会责任（Corporate Social Responsibility）概念的提出源于西方的发达国家，其倡导企业在追求利润最大化的同时要维护和提升社会公益。关于企业社会责任，西方学者主要从构成和行动及目标两方面进行讨论。从构成讨论的，其中一种观点是把企业责任划分为经济、法律、道德和社会四种，但强调企业社会责任不一定像企业法律责任那样具有强制性。与上述看法略有不同的定义则把企业社会责任看成与企业责任几乎等同的概念，其中以卡罗尔（Carroll, A.）的金字塔结构层次观点最为著名，他认为完整的企业社会责任是经济、法律、道德和社会四种层次责任的

---

① 《中华人民共和国职业病防治法（2012）》第 3 条。
② 2016 年新修订的《中华人民共和国职业病防治法》对此做了更进一步的强调，原第 68 条改为第 67 条，原来只是强调"安全生产监督管理部门"的文字被修改为"卫生行政部门、安全生产监督管理部门"。

总和。① 从行动及目标方面讨论的，一是根据企业社会责任行动者的行为是否具有自愿性来判断：由企业主动实施并在其中发挥主导作用的为纯自愿性行为，由政府引导并通过法律法规保障实行的为非自愿性行为；二是看企业社会责任行动者在行动过程中是否追寻社会目标，只要企业的行为是为社会目标而努力的，即使未达到预期也不能否认其社会责任性质②；三是从企业战略的角度讨论企业社会责任问题，企业履行社会责任的行为是有助于为企业带来显而易见的经济收益的③，承载着社会责任但以利润最大化为目的④，是可持续为企业和社会带来大量且不一般利益⑤的企业行为。战略性企业社会责任是指能够将企业利益和社会利益内在统一的、可以产生竞争优势的企业社会责任行为。

我国学者的研究，基本上是从西方学者关于企业社会责任构成及其性质的观点展开的。强调企业社会责任具有特殊性的观点，认为社会责任对企业是一种选择性责任，是企业"在谋求股东利润最大化之外所负有的维护和增进社会公益的义务"⑥。以"企业公民"理论为视角假设，企业兼具"经济性"、"社会性"和"道德性"具有递进层次性的三个特征。企业社会责任是社会对企业承担责任的特定期望，以及企业在自愿基础上对社会期望的回应，

---

① 陶晓红、曹元坤：《企业社会责任的层级理论及其应用》，《江西社会科学》2011 年第 9 期。

② 卢代富：《企业社会责任的经济学与法学分析》，法律出版社，2002，第 71 ~ 76 页。

③ Burke, L. and Logsdon, J. M., "How Corporate Social Responsibility Pays Off," *Long Range Planning*, 1996, 29 (4): 495 – 502.

④ Baron, D. P., "Private Politics, Corporate Social Responsibility and Integrated Strategy," *Journal of Economics and Management Strategy*, 2001, 10: 7 – 45.

⑤ Porter, M. E., Kramer, M. R., "The Link between Competitive Advantage and Corporate Social Responsibility," *Harvard Business Review*, 2006, 80 (12): 78 – 92.

⑥ 卢代富：《国外企业社会责任界说述评》，《现代法学》2001 年第 3 期。

因此企业社会责任是有阈限也是渐进的。① 值得一提的是基于"利益相关者类型化"概念对企业社会责任对象分类形成的观点，其认为企业存在三类利益主体，即作为委托人的企业所有者、作为受托人的企业雇员，以及企业的外部利益相关者。这三类利益相关者都与企业自身运行息息相关，企业必须为他们承担社会责任，尤其是对作为受托人的企业雇员承担诸如改善工作条件、提高工作报酬、提供技能培训等责任。② 迄今为止，关于企业社会责任的研究仍是众说纷纭，但都强调企业根植于并嵌入社会之中，存在外部强制性压力，履行社会责任有利于自身的长久发展。值得注意的是，随着在企业生产中各种社会问题的不断扩展和深化，政府承担社会责任的问题被推到了社会发展理念的前台。③ 由此，社会责任的范围、内容及承担主体更进一步拓展，社会责任的承担者由企业扩展到了政府和公民层面，从而构成了"企业社会责任－政府社会责任－公民社会责任"三重社会责任承担图式。

（二）职业健康服务是企业的社会责任也是全社会的责任

企业积极承担社会责任不仅对其自身的长远发展有影响，而且对整个社会的发展都有重大的影响。目前，我国很多企业在实践中将环境保护、社会公益等当成企业社会责任的全部，且实施状况并不尽如人意。大多数学者对究竟什么是企业社会责任的研究也主要强调企业对社会和环境等方面必须承担的责任，而对必须承担的关于企业内部员工的基本责任方面则关注很少。在企业社会责任的现实实践和理论研究中，企业对其员工必须承担的社会责任问题几乎都被有意无意地忽视了。大多数企业社会责任的

---

① 李彦龙：《企业社会责任的基本内涵、理论基础和责任边界》，《学术交流》2011 年第 2 期。

② 刘新民：《企业社会责任研究》，《社会科学》2010 年第 2 期。

③ 范燕宁、赵伟、陈谦：《"社会责任"：当代社会发展理念的新发展》，《湖南社会科学》2012 年第 1 期。

实践者和研究者所强调的对利益相关者承担的社会责任对象主要是外部利益相关者，而对于作为内部相关者的企业员工的个人利益的关注不是很多，企业员工基本的职业安全健康权利大多被忽视。

在现代社会，企业员工并不一定是企业的所有者而是受雇者，企业确实必须承担职业健康服务的相关社会责任。企业组织与企业员工的关系并不是一种同为企业主体的关系，而是一种雇佣关系，企业员工只是企业的雇员而已。企业生产的场所和环境大多存在各种对人身体有伤害的因素，员工因长期从事这些相关职业活动而可能罹患职业疾病；如果员工患上职业疾病，就必然影响相应的工作绩效并最终影响企业效益。从健康的员工有助于企业组织发展的角度出发，对于职业健康服务是企业组织人力资本管理构成的重要组成部分国内外学者已形成共识。因为职业这个概念最早是一种与一定的组织工作相关的人类活动类型，必须在相应的组织中才能展开，而且职业工作导致的身体伤害又常常只会发生在那些可能直接损伤人身体的企业组织之中，因而职业健康服务的责任承担长期以来被社会各界普遍认为就是企业的事，企业必须承担这一社会责任。由于理念的不同和实践条件的差别，国内外关于企业社会责任的内容也有差异，在职业健康服务的理论与实践问题方面也存在差别。职业健康服务是企业社会责任的一部分，这是毋庸置疑的，但关于职业健康服务与企业社会责任之间关系的现有实践和研究，基本都是从社会规制性视角看待，在怎样做好这方面涉及得很少。

职业健康服务发生的主要场所是企业，企业必然是其主要的责任主体。从企业对谁承担社会责任的视角看，包括利益相关者和非直接利益相关者。其中职业健康服务是企业对内部利益相关者的主要社会责任之一。大多数学者虽然承认企业首先应该承担起内部利益相关者的社会责任，但在现今企业由经济效益向社会效益转变的过程中却忽视或并没有考虑到企业社会责任主要考虑的是企业内部利益相关者的利益，尤其是员工的自身安全和健康等。为此，对于企业而言，未来的职业健康服务社会责任的实现，更多地应该从战略性社会责任的角度倡导和进行研究。除去外部形象方面的社会效应外，拥有稳定的熟练员工对于企业的正常运行是有积极作用的，其中一个重要的基础就是员工具有从事职业工作的健康体魄，而这就与企业对职业健康服务是否具有战略性眼光有关。勇于承担职业健康管理的社会责任使企业可以获得更好的社会声誉、更有效的农民工劳动力、更高的员工组织认同，从而使其成为企业核心竞争力的一部分。①

　　2010 年公布的 ISO 26000 指南，首次以国际标准组织的名义倡导"组织社会责任"，认为所有组织都有承担社会可持续发展的社会责任，从而开创了社会责任并非仅仅是企业社会责任的新时代。与此同时，在世界范围内对社会责任的理解和认识也进一步加深，正经历着从强调企业应承担社会责任，政府应为企业承担相应的政府社会责任，到社会多层次多领域意识到要共同承担社会责任。② 尽管这种讨论主要强调的是政府的法制和监督功能、社会的舆论导向功能，企业还处在被动接受外在压力的状态，但它提出了政府、企业、社会三方协同发展的思路。职业健康服务作为一种重要的企业社会责任，其实现也应该朝向这种协同共治的社会责任承担方向发展。由于当代社会是一种高度职业化的组织社会，几乎无人不在职业化组织中，组织的高度职业化无不伴随着相应的职业健康问题，中国职业健康服务的社会化将是一个需要政府与社会进一步根据"健康中国"战略发展之需要来考虑的重大问题。

---

① 王彦斌：《农民工职业健康服务管理的企业社会责任——基于企业战略性社会责任观点的讨论》，《思想战线》2011 年第 3 期。

② 范燕宁、赵伟、陈谦：《"社会责任"：当代社会发展理念的新发展》，《湖南社会科学》2012 年第 1 期。

第十三章

职业健康服务社会责任的组织场域
与政府行动[*]

　　中国政府于 2015 年提出打造"健康中国"的理念，国家卫生计生委在 2016 年部署落实的 2016 年 28 项工作要点中尤其提到要加强职业病防治工作并发布了国卫办监督函〔2016〕170 号文件，督促职业健康服务管理的落实。① 中国社会正大步迈向工业化和现代化，进入各种组织从事不同职业活动的人数呈加速度上升，如何解决社会发展过程中日趋突出的职业健康服务问题，究竟应该构建什么样的职业健康服务社会责任保障体系，成为中国社会应该考虑的重要问题之一。同时，对职业健康服务问题的关注与研究顺应了国际和社会发展的趋势。从国际环境和社会发展的趋势来看，企业对利益相关者的社会责任的履行逐渐成为一种潮流和趋势，随着 ISO26000 的颁布，社会责任这一概念已有了新的解释

　　* 基金项目：教育部人文社会科学规划基金资助项目"农民工职业健康服务管理的企业实现机制研究"（10YJA840043）。

　　① 《国家卫生计生委办公厅关于开展〈职业病防治法〉等法律法规落实情况监督检查工作的通知》，http://www.nhfpc.gov.cn/zhjcj/s3577/201603/3ab9c3d2d8eb4eec9866998e95909f6c.shtml。

并且含义大大拓展。本章借助社会学的组织场域理论解释和探讨职业健康服务社会责任的实现问题，以图这个在中国加速发展过程中亟待解决的现实问题多有一条解决的途径。

一 职业健康服务社会责任具有公共性特性

1924 年，谢尔顿（Sheldon，O.）在《管理的哲学》一书中基于作为经济组织的企业不能仅仅为营利性目标而存在的考虑，提出了企业社会责任（Corporate Social Responsibility）概念；后经过诸多研究者与实践者的丰富和提升，各种各样关于企业社会责任的观点及其理论也随之形成。大量学者对企业社会责任的性质与理论取向做了诸多探讨，形成了股东利益至上说、社会契约说、利益相关者说、企业公民说以及层次责任说等。[①] 许多国家和政府也为企业履行社会责任做出了种种强制性的规定，要求企业必须履行相应的社会责任。20 世纪 90 年代开始，全球掀起企业社会责任运动，我国实业界和学术界也开始引入并关注企业社会责任议题。

企业社会责任概念的提出源于西方的发达国家，其倡导企业在追求利润最大化的同时要维护和提升社会公益。关于企业社会责任的理解，西方学者们主要从构成和行动目标两方面进行讨论。从构成方面展开的，主要是把企业责任划分为经济、法律、道德和社会四种责任，但特别从强制性与非强制性区分上强调企业社会责任不一定像企业法律责任那样具有强制性。从行动目标方面讨论的，则主要看企业社会责任行动者的行为在实施中是否具有自愿性判断和企业社会责任行动者在行动过程中是否主动追寻社

[①] 章辉美、赵玲玲：《企业社会责任研究回顾与综述》，《江汉论坛》2010 年第 1 期。

会目标。[①] 当前从行动目标讨论的观点较为有影响的是，从企业战略的角度讨论企业社会责任问题。这种观点基于企业是一种明确的以创造利润为目标的经济组织，认为企业履行社会责任的行为一定是有助于为企业带来显而易见的经济收益[②]，承载着社会责任但以利润最大化为目的[③]、可持续为企业和社会带来大量且不一般利益[④]的企业行为。可以说，战略性企业社会责任是能够将企业利益和社会利益内在统一的、可以产生竞争优势的企业社会责任行为。

目前在中国，企业是履行职业健康服务社会责任的主体，其实施的具体内容包含员工的安全生产和健康服务管理两方面。安全生产管理方面涉及安全管理制度和安全生产工作标准，其核心是保证企业员工工作过程的安全性。健康服务管理涉及健康监护、工作场所管理、防护设施和应急管理等方面，目的是预防企业员工因工作而罹患职业疾病，保障员工的健康和基本权益，其参照的主要依据是职业病防治法。

职业健康服务责任的承担者为企业的逻辑主要基于人力资源理论，因为企业使用人力就得为人力的使用及其后续问题担责。生产的场所和环境大多存在各种对人身体有伤害的因素，这些因素可能导致员工因长期从事这些职业活动而罹患职业疾病，员工患上职业疾病必然影响相应的工作绩效并最终影响企业效益。从健康的员工有助于企业组织发展的角度出发，国内外学者在职业

---

① 卢代富：《企业社会责任的经济学与法学分析》，法律出版社，2002，第71~76页。

② Burke, L. and Logsdon, J. M., "How Corporate Social Responsibility Pays off," *Long Range Planning*, 1996, 29 (4): 495–502.

③ Baron, D. P., "Private Politics, Corporate Social Responsibility and Integrated Strategy," *Journal of Economics and Management Strategy*, 2001, 10: 7–45.

④ Porter M. E., Kramer M. R., "The Link between Competitive Advantage and Corporate Social Responsibility," *Harvard Business Review*, 2006, 80 (12): 78–92.

健康服务是企业组织人力资本管理构成的重要组成部分方面达成共识。

　　实际上，企业承担的这种涉及人力资源投入与保障的社会责任具有外部性效应，直接受益者是企业的员工个人，而员工个体又是社会的成员之一，其受益的同时也意味着社会受益，并非仅仅企业受益，因此职业健康服务外部的公共性特征非常明显。随着 SA8000（企业社会责任标准）和新《劳动合同法》的陆续出台，我国劳动关系层面企业社会责任的纷争不断①，因从业者罹患职业病引发的群体问题不断出现。而现实中诸多企业处理这方面问题的方式是，做得好的"遵守国家法律法规"，做得不好的则想法逃避相关责任。究其原因，主要是现行职业健康的相关法律规范中对于劳动者职业病危害防护责任的主客体、监督与鉴定机制仅有一些框架性条约，过于强调用人组织②的义务与责任。由于法律法规加重了用人组织的负担，诸多用人组织有意无意地"忽视"对职业健康服务管理的投入。从职业健康服务的特点来看，它更应该是由用人组织、政府、工会以及社会等多主体共同承担的"公共性"责任，而非仅仅用人组织的责任。

　　基于上述思路，王彦斌等人做了深入的实证研究和理论探讨，这些研究和探讨对理解和解决当前职业健康服务管理中存在的问题具有重要的启迪意义。在中国职业健康服务管理的问题在以农民工为主体的群体中表现得尤其突出，既往关于农民工职业健康服务管理的相关研究多只是理论应然性讨论，而实证研究又只是在企业外围展开调查且理论研究不足。王彦斌等人的研究把职业健康服务管理视作企业社会责任的基础，并探讨其实现的内外部

---

①　张兰霞、杨海君、宋有强：《我国劳动关系层面企业社会责任的动力机制研究》，《东北大学学报》（社会科学版）2009 年第 5 期。

②　本章中把所有与员工构成合同关系的组织统称为用人组织，包括政府、企业、事业单位以及其他各类组织等。

机制，通过深入一个国有特大型企业内部进行全面研究，取得了突破性进展。该研究发现，企业实施的农民工职业健康服务管理中既有集团公司整体一致的制度安排，又有子公司因其特点差异设置的具体制度安排。集团公司完全按照国家的法律法规制定了较完善的企业安全与职业健康服务规则，但在具体执行层面，不同的子公司出现了诸多的差异性。基于对这个大型国有企业的调查实证资料并结合中国企业目前的一般状况，该项研究得出了如下结论：企业目前在职业健康服务管理社会责任的承担中面临种种困难，但在当前既有的制度安排背景下职业健康服务管理意识强的企业也是可以比其他企业做得更好的；同时该项研究还提出了政府在职业安全与健康服务适应性发展过程中必须注意制度扩容与结构重塑的对策建议。从该研究结论得到的启迪意义是，在既有的制度安排背景下，企业的主动性尤为重要，但唯有全社会共同努力才有可能把职业安全健康服务管理这项具有公共性特征的事业完成。① 这项研究为职业健康服务管理在当前的改善和未来

① 该项研究的调查实施时间为 2013 年 3 月至 2014 年 3 月，其中对普通企业员工采用问卷调查的样本为 550 个，有效回收样本为 501 个（正式员工 260 人，农民工 241 人），样本有效回收率为 91%；访谈样本包括政府相关管理负责人、企业相关管理负责人多人以及 30 余名农民工。研究的具体结论如下：①由于体制性的因素，农民的职业安全健康服务供给相对低于正式在编员工；②大多数企业作为都在努力承担职业健康服务管理的应有责任，但在当前中国经济社会发展的现实条件下企业存在心有余而力不足的情况，这种责任的承担需要在社会不断发展的过程中渐渐提升；③作为一种公共产品，职业安全健康服务需要全社会的共同努力才能实现，包含企业力争从战略性社会责任的角度践行职业健康的社会责任，还应该建构政府、企业和社会多方参与的组织场域结构。该项研究发表了系列论文，王彦斌、李云霞：《制度安排与实践运作——对企业职业健康服务社会责任的社会学思考》，《江海学刊》2014 年 2 期；王彦斌、盛莉波：《农民工职业安全健康服务的供给现状：基于某大型有色金属国有企业的调查》，《环境与职业医学》2016 年 1 期；赵晓荣、王翛：《"一企两制"下的农民工职业安全健康服务管理》，《云南行政学院学报》2016 年 1 期；王彦斌、杨学英：《制度扩容与结构重塑——农民工职业安全与健康服务的适应性发展》，《江苏行政学院学报》2015 年 6 期。

的推进提供了较好的实证资料。

随着人类文明的进步和对社会正义的追求，许多原来属于私人领域，抑或其他非公共领域的问题渐渐成为具有公共性的社会议题。当代社会的人基本上是依赖于组织化的职业形式存在的，其职业活动具有广泛性，每个组织中的人都会涉及职业健康服务，因此职业健康服务已不是一项私人服务或行业服务，而是一项公共性的公共服务。公共性在现代社会的核心内容和最重要的意义就是公共理性，用现代公共理性处理公共事务是公共性最重要的环节，也是公共性的核心内容在实践中的体现。① 随着新公共管理运动的兴起，公共服务越来越成为现代社会的一种基本理念和价值追求。公共服务根源于公共需求，基于生存权和发展权的公众需求是公共服务的"最低纲领"②，具有公共性的职业健康服务就是全体社会成员对自身生存权和发展权的最低需求。③ 公共性的物品需要多方主体提供，因此职业健康服务社会责任承担者的理念应该从企业层面扩展到社会层面。具有公共性特征的职业健康服务社会责任的履行需要多组织主体共同参与完成，其中，政府是责无旁贷的主导者，是公共服务的必然承担者，政府需要提供基本公共服务。④ 除此之外还需要社会多方协同，构建协同参与合作共治的机制。职业健康服务具有的公共性特征要求政府在这一方面应该发挥优势，为其提供一整套完善的社会保障体系。与此同时，公共领域和新型社会治理主体，能在政府和市场都失灵的地方发

① 赵晓荣、王彦斌：《公共性、地方性与多元社会协同——边疆多民族地方的社会管理探析》，《贵州大学学报》（社会科学版）2012年第3期。

② 刘志昌、苏祖安：《基本公共服务均等化的内涵研究综述》，《理论界》2009年第3期。

③ 赵晓荣、王彦斌：《公共性、地方性与多元社会协同——边疆多民族地方的社会管理探析》，《贵州大学学报》（社会科学版）2012年第3期。

④ 刘志昌、苏祖安：《基本公共服务均等化的内涵研究综述》，《理论界》2009年第3期。

挥其特有的作用，满足结构日趋分化、利益日益多元化的社会需求。职业健康服务这类公共性问题应该引起社会的广泛关注，社会其他组织应该加入其中来共同承担这一社会责任。

二 职业健康服务社会责任是组织场域内
多主体参与的公共行动

作为一种公共服务，职业健康服务需要通过多组织主体参与并相互协作来实现。承担社会责任的理念不能仅聚焦企业层面，必须基于公共性理念从社会系统中的组织协同层面加以拓展。职业健康服务社会责任的承担主体应包括政府组织、企业组织、社会其他组织等，应该通过三大部门组织之间的协作承担这种社会责任。

组织场域理论为职业健康服务管理提供了一个新的视角，其基本观点是，"除了重视组织是现代社会中的重要行动者外，还要理解更大的组织网络和组织系统"[1]。组织场域概念将单一组织结构与行为同更广泛的社会结构与过程联系起来，强调一种包含组织、组织集合以及相互依赖的组织种群的组织共同体，强调提供某种服务、推行某种政策，或解决某个公共问题而专门形成的组织治理系统。由于共同意义系统的存在，在组织场域内各主体"彼此之间的互动比起与外部的行动者更频繁，并且这种互动对于场域内的组织的生存与发展更为重要"[2]，各个组织"行动者会通过规制性、规范性制度要素之间的某种结合，来控制场域中的各种行动者及其行动"[3]。按斯科特的观点，在组织场域内实施这类

---

[1] 〔美〕W. 理查德·斯科特：《制度与组织——思想观念与物质利益（第三版）》，姚伟、王黎芳译，中国人民大学出版社，2010，第191页。

[2] 〔美〕W. 理查德·斯科特：《制度与组织——思想观念与物质利益（第三版）》，姚伟、王黎芳译，中国人民大学出版社，2010，第96页。

[3] 〔美〕W. 理查德·斯科特：《制度与组织——思想观念与物质利益（第三版）》，姚伟、王黎芳译，中国人民大学出版社，2010，第194页。

功能的行动者，主要包括各种公共规制机构、行业协会、工会、专业协会与司法机构等组织。正是由于这些具有某种公共性的组织有意识地共同参与，相关共同事业的目标才有可能在组织场域内得到有效的实现。很显然，组织场域概念对于理解和解决公共性问题具有重要的启示价值。

由于职业健康服务具有公共性特征，将其置于组织场域中理解能更好地解决发展过程中的难题。在职业健康服务组织场域中，共同意义系统基于组织成员的安全和健康这一社会责任的承担而形成。企业是职业健康服务发生的主要场所，需要担负起主要的责任，这是企业对社会的基本责任；职业健康服务是一项具有公共性的社会责任，因此参与这项服务的治理主体应该包括政府及其他相关的社会组织。这个组织场域是各主体之间围绕职业健康服务而建立起的关系系统，它们在组织场域内发挥着各自的功能，在相互依存和支持中发挥各自的优势来对资源进行合理配置和利用，使场域的效能最大化，共同促进职业健康服务这一社会责任目标圆满实现。在各参与主体共同发挥作用的治理场域中形成的职业健康服务管理的各种制度性框架，能够为用人企业组织的行为、策略及程序提供明确的模式，同时又为用人企业组织实施职业健康服务活动"提供相应支持，并使这种活动更可能得到理解、接受和更具有合法性"①。

围绕职业健康服务这项行动形成的组织场域，是一个多主体组织长期互动和发展的动态过程。在这个过程中，政府部门主要通过各种法律法规文件为其做出参考标准，以此来保障职业健康服务社会责任的实施和履行；用人企业在设定策略的过程中，根据其所处的组织场域中的规制规范与信念的限制列出所有可能的行动方案，从中选择可行的行动方案，并以此来指导自身的行为

---

① 〔美〕W. 理查德·斯科特：《制度与组织——思想观念与物质利益（第三版）》姚伟、王黎芳译，中国人民大学出版社，2010，第 198 页。

方式；诸多参与职业健康服务的第三方社会组织，也在这个组织场域结构与过程的构建中与之形成相应的共同体关系，并且这种关系随时间和空间的变化呈现出不同的特点，第三方社会组织与企业和政府协同促进职业健康服务的实现。

三 ISO 26000 对中国职业健康服务社会责任制度建设的启示

职业健康服务组织场域的制度整体运行依赖于国家法律、法规等规制性要素，用人组织内部行为规范、管理与考核机制等规范性要素，以及社会其他组织的成员个体及成员间存在的有形或无形的共有文化等心理认知性要素，三者密不可分、有机结合，强制性依次减弱，自觉性依次递增，共同构成职业健康服务组织场域，支撑着其运行。

从我国企业组织实施职业健康服务的现状看，规制性制度本身与实践表现出较大缺失与衔接断层。有些是企业难以切实实现的，有些是企业有意无意规避的，有些本身就是立法规制不当的问题。为此，借鉴国际通行的相关标准就显得具有重要价值。相比较而言，国际标准化组织（International Standardization Organization）在 2010 年末形成的 ISO 26000（国际标准化组织的社会责任指南标准）对于我国改善职业健康服务管理更具有借鉴意义。

2010 年年末，国际标准化组织形成 ISO 26000，提出组织的社会责任后，大量学者围绕这个问题进行了讨论。因为在这份文件中，以 Organization Social Responsibility 取代了以往的 Corporate Social Responsibility，将针对性扩展到所有类型的组织，包括各种类型的社会组织以及其他公共部门组织。ISO 26000 的宗旨是给全世界所有组织（不限于企业）提供一个践行社会责任的标准化指南，促进所有组织的可持续发展。诸多学者认为 ISO 26000 突破了 ISO

文件既往只是涉及技术与管理领域标准的局限性，ISO 26000 首次涉足社会领域，是国际社会标准中一个有里程碑意义的新起点。因为 ISO 26000 的制定扩展了社会责任指南的适用范围，其重要性得到显著提升。[①]

ISO 26000 作为各种组织履行社会责任标准的可操作性建议，强调"促进并保持劳动者最高程度的身心健康和社会福利，以及防止由于工作条件而造成的健康损害，远离健康风险，并满足其生理和心理需要"[②]。其关于劳动者实践的议题，从劳动者实践的内容、组织保护劳动者的原因与必要性、组织实施有关保护劳动者的社会责任总体要求以及具体建设性实施意见四大方面阐释了组织承担劳动者保护之社会责任的标准与内涵，形成针对全体组织成员职业健康服务工作过程中的保障与防护、出现事故时的及时有效处理以及工作过程中的身心健康需求的建议。其涉及组织成员职业健康的内容"工作中的健康与安全"和"工作条件和社会保护"也随之凸显出来。

ISO 26000 强调，劳动者实践议题是组织社会责任的核心议题，对于尊重劳工个体人权、促进组织可持续发展和社会稳定具有重要意义。尽管这个标准不具有强制性，但其强调以人为本，注重人、人与人、人与社会和谐发展的基本宗旨是我国建立职业健康服务体系模式的重要依据。

值得一提的是，ISO 26000 首倡"组织社会责任"。以往关于社会责任的讨论大多是强调作为经济性组织的企业必须承担对社

---

① 具体内容参见瓔珊《ISO 26000 社会责任标准让质量专家引领组织朝正确的方向发展》，《上海质量》2012 年第 11 期；陈丛刊：《论国际标准 ISO 26000 在社会组织管理中的应用》，《山东社会科学》2014 年第 2 期；王立志、裴飞：《基于 ISO 26000 的企业社会责任融入组织机制研究》，《标准科学》2014 年第 1 期；陈元桥：《ISO 26000 系列讲座之七：组织的社会责任实践》，《中国标准化》2011 年第 8 期。

② 《ISO 26000：社会责任指南》，第 26 页。

会的责任，但这份文件以 Organization Social Responsibility 取代了以往的 Corporate Social Responsibility。ISO 26000 的宗旨是给全世界所有组织（不限于企业）提供一个践行社会责任的标准化指南，促进所有组织的可持续发展。它明确强调社会责任行为是"致力于可持续发展，包括健康和福祉；考虑利益相关方的期望；遵守使用法律，并符合国际行为规范；融入整个组织并在其关系中得到践行"[1]。ISO 26000 尽管是一个建设性而非强制性的国际标准，但具有深远的意义。除了对社会责任内容的深化外，其意义更在于对社会责任组织范围的拓展。也就是说，社会责任不能局限于经济性的组织企业必须履行的责任，所有的组织包括政府都有这样的责任。

四 组织场域内职业健康服务多主体关系模式构建中的政府行动

职业健康服务制度的实施机制包括制度主体和运作方式两部分。从职业健康服务的发展趋势来说，其提供者更宜是多元的，由政府、用人组织和第三方社会组织等多方主体来共同实施并推动制度变迁。除了多元主体的参与外，更重要的还在于把参与的诸多组织[2]主体通过制度化的方式连接成更大的组织关系系统，以建立起一种职业健康服务系统各主体间相互依存、发挥各自的功能并协调合作的关系模式。

职业健康服务组织场域是各组织主体围绕职业健康服务发展而形成的一种制度生活领域，在这个场域内，制度环境是必不可少的条件之一。这个制度环境包含两方面内容，一是大的国际趋

---

① 《ISO 26000：社会责任指南》，第 26 页。
② 基于 ISO 26000 对组织社会责任的理解，承担社会责任的组织不能局限于企业组织，应包含所有组织。

势，二是本国内的相关制度。其一方面可以保障职业健康服务组织社会责任的良好履行；另一方面是为职业健康服务的各主体，尤其是各类组织提供一个参考标准。在中国当下的制度环境中，政府行动至关重要，决定着国内法规与政策的制定，也在组织场域的构建中起着决定性的作用。

政府在职业健康服务组织场域中发挥着不可替代的作用，它既是制度的制定者，同时也是执行者，在服务的过程中应由强制、监督的角色向引领、支持的角色转变。作为规则的制定者，政府除了制定职业健康服务法律、法规以及对用人组织开展职业健康服务的情况进行监督外，还应提供必要的资金支持，实行税收优惠政策等有助于改善职业健康服务的措施，以制度化的方式与第三方社会组织协同、合作构建具体可行的内外部监督机制。

在职业健康服务社会责任组织场域中，多元主体主要通过制度化的合作、协商的途径共同对职业健康服务这一社会公共事务进行管理。从制度的规制性要素来说，国家法律法规是各类组织提供职业健康服务的合法性依据和标准。在最新修订的职业病防治法中，用人单位的主体责任没有改变，而且可以看出政府正在鼓励其他社会组织参与职业健康服务的工作，但是政府的责任仍只是监督。为此，为了完善职业健康服务制度，还需要对《中华人民共和国劳动法》、《中华人民共和国职业病防治法》以及相关社会保险条例中的政府责任进行扩展性制度安排，使之在未来的职业健康服务场域中能有更多的积极行动。

在组织场域内构建职业健康服务多主体关系模式中，除了从制度层面鼓励其他社会组织积极参与职业健康服务行动外，关键还是政府本身与对用人组织的激励机制都要到位。就政府本身而言，应该明确将职业健康服务管理工作纳入责任制进行考核，通过构建考评体系实施相应的奖惩政策，激励各级政府相关部门承担相应的行政管理职责。而对于用人组织来说，需要形成有效激励用人组织重视职业健康服务的机制，以保证用人组织增强职业健康服务的主动性而不是简单地"守法"。目前一些企业组织本身并不缺乏职业健康服务制度，甚至还较为完善，但执行结果不尽如人意。原因在于许多企业管理者将员工职业健康服务管理视为对政府法律法规的遵守和履行，而不是出于组织目标实现的需要，尤其是忽略了职业健康服务所带来的员工工作中的健康愉悦的身心状态与良好的组织绩效而形成的双赢。因此，政府应该探索激励用人组织主动履行职业健康服务管理的制度措施。

就目前而言，政府与用人组织互赢的一种方式就是设置职业健康社会保险。社会保险作为具有所得再分配功能的非营利性的社会安全制度，能保证物质及劳动力的再生产和社会的稳定。因此，政府应该在原来设置的社会保险基础上增加职业病保险，把职业健康服务引入社会保险以降低职业工作者的个人风险和用人组织的负担，保障人们的正常生活以及用人组织和社会的正常运作。另外，强化政府在政策与资金方面对用人组织的正激励扶持力度，目前的相关法规涉及的都是如果存在什么样的问题将如何惩罚用人组织，但又由于各种监管不到位，最后许多法规形同虚设。应建立配套的奖惩分明激励机制，诸如对职业健康服务做得好的用人组织，除大力表彰外，可采用税收优惠政策给予激励，激励用人组织更好地履行职业健康服务责任。再者，针对一些用人组织缺少专业职业健康服务人员的问题，政府可以对职业健康服务管理进行市场化运作，通过向第三方社会组织"购买"职业健康服务的方式，并由政府相关部门提供政策与资金支持，多渠道促进职业健康服务管理的专业化、市场化。

总而言之，基于职业健康服务组织场域的考虑，在用人组织承担相应责任的基础上，政府应担负起公共性责任，同时注意以政策、资金等多种方式广泛促进第三方社会组织的参与，从而更好地形成共同服务于职业健康服务的组织场域。

主要参考文献

著作类：

〔美〕W. 理查德·斯科特：《制度与组织——思想观念与物质利益（第三版）》，姚伟、王黎芳译，中国人民大学出版社，2010。

〔美〕约拉姆·巴泽尔：《国家理论——经济权利、法律权利与国家范围》，钱勇、曾咏梅译，上海财经大学出版社，2006。

〔美〕朱迪·弗里曼：《合作治理与新行政法》，毕洪海、陈标冲译，商务印书馆，2010。

梁慧星：《民法总论》，法律出版社，1996。

卢代富：《企业社会责任的经济学与法学分析》，法律出版社，2002。

论文类：

陈宪、黄健柏：《劳动力市场分割对农民工就业影响的机理分析》，《生产力研究》2009年第20期。

陈正光、骆正清：《我国城乡社会保障支出均等化分析》，《江西财经大学学报》2010年第5期。

段淼、王起全、严琳：《职业健康安全管理体系运行中若干问题的探讨》，《中国安全科学学报》2010年第3期。

樊慧玲、李军超：《嵌套性规则体系下的合作治理——政府社会性

规制与企业社会责任契合的新视角》,《天津社会科学》2010
年第 6 期。

范燕宁、赵伟、陈谦:《"社会责任":当代社会发展理念的新发
展》,《湖南社会科学》2012 年第 1 期。

冯彦君:《劳动权略论》,《社会科学战线》2003 年第 1 期。

黄润龙、杨来胜:《农民工生存状态扫描——苏南、苏中 8 市的调
查报告》,《南京人口管理干部学院学报》2007 年第 4 期。

贾生华、郑海东:《企业社会责任:从单一视角到协同视角》,《浙
江大学学报》2007 年第 2 期。

李凯:《〈职业病防治法〉修改若干问题研究》,《延边党校学报》
2012 年第 3 期。

李孟春:《农民工权利保障的缺失及救济——以职业健康权为例》,
《湖南公安高等专科学校学报》2010 年第 4 期。

李彦龙:《企业社会责任的基本内涵、理论基础和责任边界》,《学
术交流》2011 年第 2 期。

刘国恩、William H. Dow、傅正泓、John Akin:《中国的健康人力资
本与收入增长》,《经济学(季刊)》2004 年第 4 期。

刘新民:《社会责任研究》,《社会科学》2010 年第 2 期。

刘志昌、苏祖安:《基本公共服务均等化的内涵研究综述》,《理论
界》2009 年第 3 期。

卢代富:《国外企业社会责任界说述评》,《现代法学》2001 年第
3 期。

罗时、王玉震:《"开胸验肺"事件暴露了什么》,《劳动保护》
2009 年第 9 期。

彭忆红:《职业病的防治重在政府担责》,《中共桂林市委党校学
报》2006 年第 3 期。

尚春霞:《工会与农民工职业健康权益维护》,《中国劳动关系学院
学报》2011 年第 3 期。

沈汉溪、林坚：《农民工对中国经济的贡献测算》，《中国农业大学学报（社会科学版）》2007 年第 1 期。

陶晓红、曹元坤：《企业社会责任的层级理论及应用》，《江西社会科学》2011 年第 9 期。

王开玉：《安全发展的实践与思考》，《国家安全生产监督管理总局调查研究》2006 年第 4 期。

王立明：《析用人单位或者用工单位的替代责任》，《青海民族大学学报》2011 年第 1 期。

王曲、刘民权：《健康的价值及若干决定因素：文献综述》，《经济学（季刊）》2005 年第 4 期。

王伟、蔡建平：《三资企业外来工职业危害现状调查》，《职业与健康》2002 年第 3 期。

王彦斌、李云霞：《制度安排与实践运作——对企业职业健康服务社会责任的社会学思考》，《江海学刊》2014 年第 2 期。

王彦斌、盛莉波：《农民工职业安全健康服务的供给现状：基于某大型有色金属国有企业的调查》，《环境与职业医学》2016 年第 1 期。

王彦斌、杨学英：《制度扩容与结构重塑——农民工职业安全与健康服务的适应性发展》，《江苏行政学院学报》2015 年第 6 期。

吴伟刚、简天理，罗琼：《职业健康检查和职业病诊断存在的问题和对策》，《中国工业医学杂志》2014 年第 2 期。

肖微、方堃：《基于博弈论思维框架的政府与企业关系重塑——从"囚徒困境"到"智猪博弈"的策略选择》，《华中农业大学学报》（社会科学版）2009 年第 1 期。

姚秀兰：《职业病防治立法中的缺陷及其完善——以职业病救济为视角》，《江西社会科学》2012 年第 2 期。

张红凤、于维英、刘蕾：《美国职业安全与健康规制变迁、绩效及借鉴》,《经济理论与经济管理》2008 年第 2 期。

张健、梅强、陈雨峰:《新生代农民工职业安全需求对中小企业"民工荒"的影响》,《工业安全与环保》2013 年第 11 期。

张兰霞、杨海君、宋有强:《我国劳动关系层面企业社会责任的动力机制研究》,《东北大学学报(社会科学版)》2009 年第 5 期。

张守军:《基于社会三元结构的中国企业社会责任反思》,《四川行政学院学报》2009 年第 1 期。

张展新、高文书、侯慧丽:《城乡分割、区域分割与城市外来人口社会保障缺失——来自上海等五城市的证据》,《中国人口科学》2007 年第 6 期。

赵立祥、刘婷婷:《海因里希事故因果连锁理论模型及其应用》,《经济论坛》2009 年第 9 期。

赵晓荣、王俭:《"一企两制"下的农民工职业安全健康服务管理》,《云南行政学院学报》2016 年第 1 期。

赵晓荣、王彦斌:《公共性、地方性与多元社会协同——边疆多民族地方的社会管理探析》,《贵州大学学报(社会科学版)》2012 年第 3 期。

朱琳、刘素霞、张赞赞:《影响农民工职业安全健康需求的自身因素分析》,《中国安全生产科学技术》2011 年第 4 期。

Baron, D. P., "Private Politics, Corporate Social Responsibility and Integrated Strategy," *Journal of Economics and Management Strategy* (2001. 10).

Burke, L. and Logsdon, J. M., "How Corporate Social Responsibility Pays off," *Long Range Planning* 29 (1996).

Porter, M. E. and Kramer, M. R., "The Link between Competitive Advantage and Corporate Social Responsibility," *Harvard Business Review* 80 (2006).

法律法规类：

《标准职业安全健康管理体系规范》，GB/T28001—2011，2011 年
　　12 月 30 日。

《工伤保险条例》。

《国家安全监管总局关于废止和修改劳动防护用品和安全培训等领
　　域十部规章的决定》。

《用人单位职业健康监护监督管理办法》。

《职业病危害项目申报办法》。

《中华人民共和国安全生产法》，2002 年 11 月 1 日。

《中华人民共和国劳动合同法》。

《中华人民共和国侵权责任法》。

《中华人民共和国职业病防治法》。

其他文献：

《关于印发 Y 企业职业病防治十二五规划的通知》。

国家相关部委网站资料：

《国家安全监管总局〈关于冶金有色建材机械轻工纺织烟草商贸等
　　行业企业贯彻落实国务院通知〉的指导意见》，http://www.
　　chinasafety. gov. cn/newpage/Contents/Channel _ 6288/2014/0402/
　　232248/content_232248. htm。

《国家安全监管总局办公厅关于呼吸类特种劳动防护用品生产企
　　业抽查情况的通报》，国家安全监管总局，http://www. chinasafety.
　　gov. cn/newpage/Contents/Channel_4284/2013/1023/222382/co-
　　ntent_222382. htm，2013 年 11 月 14 日。

《国家安全监管总局关于废止和修改劳动防护用品和安全培训等领域
　　十部规章的决定》（国家安全生产监督管理总局第80号令），国

家安全监管总局，http://www.chinasafety.gov.cn/newpage/Contents/Channel_5330/2015/0617/252424/content_252424.htm。

《生产经营单位安全培训规定》（国家安全生产监管总局令第80号），国家安全监管总局，http://www.chinasafety.gov.cn/newpage/Contents/Channel_5351/2015/0827/256918/content_256918.htm。

《用人单位职业健康监护监督管理办法》（国家安全生产监督管理总局令第49号），国家安全监管总局，http://www.chinasafety.gov.cn/newpage/Contents/Channel_20697/2012/0510/171617/content_171617.htm。

《职业病危害项目申报办法》（国家安全生产监督管理总局令第48号），国家安全监管总局，http://www.gov.cn/gongbao/content/2012/content_2201893.htm。

http://news.china.com/domestic/945/20140512/18497781.html，2014年5月12日。

《2014年我国农民工监测调查报告》，国家统计局，http://www.stats.gov.cn/tjsj/zxfb/201504/t20150429_797821.html，2015年4月30日。

《2015年农民工监测调查报告》，国家统计局，http://www.stats.gov.cn/tjsj/zxfb/201604/t20160428_1349713.html，2016年4月28日。

《2016年我国农民工调查监测报告》，国家统计局，http://www.stats.gov.cn/tjsj/zxfb/201704/t20170428_1489334.html，2017年4月28日。

《2014年国民经济和社会发展统计公报》，国家统计局，http://www.stats.gov.cn/tjsj/zxfb/201502/t20150226_685799.html，2015年4月30日。

《第二次全国农业普查主要数据公报》，国家统计局，http://www.stats.gov.cn/tjsj/tjgb/nypcgb/，2008年2月27日。

《第六次全国人口普查主要数据公报》，国家统计局，http://www.
　　stats. gov. cn/ztjc/zdtjgz/zgrkpc/dlcrkpc/，2011 年 4 月 28 日。

《中华人民共和国 2012 年国民经济和社会发展统计公报》，国家统
　　计局，http://www. gov. cn/gzdt/2013 - 02/22/content_ 2338098.
　　htm，2013 年 2 月 22 日。

《中华人民共和国 2013 年国民经济和社会发展统计公报》，国家统
　　计局，http://www. stats. gov. cn/tjsj/zxfb/201402/t20140224 _
　　514970. html，2014 年 2 月 24 日。

《卫生部办公厅关于 2008 年全国职业卫生监督管理工作情况的通
　　报》，国家卫生部，http://www. moh. gov. cn/mohbgt/s9511/2009
　　05/40893. shtml，2013 年 12 月 14 日。

《国家卫生计生委办公厅关于开展〈职业病防治法〉等法律法规落
　　实情况监督检查工作的通知》，国家卫生计生委，http://www.
　　nhfpc. gov. cn/zhjcj/s3577/201603/3ab9c3d2d8eb4eec9866998e9
　　5909f6c. shtml。

相关网络资料：

南方网：《惊人的数字：农民工为城市创造多少财富？》，http://www.
　　southcn. com/news/community/shzt/cpw/contribution/2005042006
　　92. htm，2005 年 4 月 11 日。

人民网：《发展决不能以牺牲人的生命为代价》，http://opinion. people.
　　com. cn/n/2013/0614/c1003 - 21833579. html，2013 年 6 月 14 日。

人民网：《农民工在中国经济中的十大历史性贡献》，http://finance.
　　people. com. cn/GB/4222341. html，2006 年 3 月 21 日。

搜狐新闻：《全国总工会：关于新生代农民工问题的研究报告》，
　　http://news. sohu. com/20100621/n272942936. shtml，2010 年 6
　　月 21 日。

其他各类文件：

《X省安全生产委员会办公室关于印发X省职业卫生监督管理工作
　　联席会议制度的通知》，2013年9月5日。

《Y企业安全生产责任制度》，2008年。

《关于印发Y企业职业病防治十二五规划的通知》。

《中华人民共和国国家标准职业安全健康管理体系规范》，GB/
　　T28001—2001，2001年11月12日。

《中华人民共和国国家标准职业安全健康管理体系规范》，GB/
　　T28001—2011，2011年12月30日。

《ISO 26000：社会责任指南》。

《X省安全生产监督管理局关于开展重点行业领域职业卫生基础建
　　设活动的通知》，2013年8月12日。

《X省安全生产监督管理局关于印发〈X省安全生产监督管理局安
　　全生产举报奖励办法〉的通知》，2013年7月2日。

问卷编号 ☐☐☐☐　　调查地 ☐　　调查公司 ☐☐

员工职业健康管理调查问卷

尊敬的师傅：

　　您好！

　　为了解公司员工职业健康安全的状况和愿望，促进公司在这方面的工作，耽误您几分钟的时间，请您告诉我们以下一些实际情况和您的想法。问题的答案没有对错之分，请根据您自己的真实情况和想法进行填写。您不必留下姓名，对您的回答我们会按照相关规定进行保密处理，请在您认为恰当的答案前的数字上画"○"或在横线上填写相应内容。请按照顺序逐一填写，以免遗漏。

　　非常感谢您的支持与合作！

员工职业健康管理课题组

2014 年 12 月

1. 您的性别：

    1. 男性   2. 女性

2. 您是哪年出生的？ _____ 年

3. 您的最高受教育水平是：

    1. 小学及以下   2. 初中   3. 高中/技校/中专

    4. 大专   5. 大学   6. 研究生

4. 您的婚姻状况：

    1. 从未结婚   2. 已婚有配偶   3. 离异未再婚

    4. 丧偶未再婚   5. 其他

5. 到本公司工作前您的户口属于：

    1. 城镇   2. 农村

6. 现在的户口是属于：

    1. 城镇   2. 农村

7. 您怎么获得目前这个工作的？

    1. 公司招聘来的   2. 自己找来的

    3. 亲友老乡介绍的   4. 劳务公司派遣的   5. 其他

8. 您在本公司工作了大约多长时间？ _____ 年 _____ 月

9. 您现在工作的部门属于哪一类？

    1. 生产部门   2. 设计技术部门   3. 营销部门

    4. 综合行政部门   5. 其他部门

10. 您现在是公司的哪一类员工？

    1. 劳务工（直接回答 12 题）

    2. 正式员工（如果您是由劳务工转为正式员工的，请回答11题）

11. 如果您是由劳务工转为正式员工的，请问是哪年转的？ _____ 年

12. 您现在在公司是属于哪一层次的人员？

    1. 普通人员   2. 班组长   3. 工段长

    4. 车间主任   5. 公司主管

13. （1）您与现在工作的公司签订了劳动合同吗？

1. 是

2. 没有 （●请直接回答第 14 题）

(2) 请问您是_____年签订的劳动合同？

14. (1) 公司为你们购买了保险吗？

1. 买了

2. 没有 （●请直接回答第 15 题）

(2) 分别买了哪些方面的保险？（可多选）

1. 生育保险　　2. 医疗保险　　3. 工伤保险

4. 失业保险　　5. 养老保险　　6. 住房公积金

7. 其他

15. 您一年中有多长时间在本公司工作？

1. 全年　　　　　　2. _____个月

16. （●请劳务工回答下列问题）

(1) 您每个月的纯收入是_____元。

(2) 您的收入与周围其他做同样工作的正式员工的收入有差距吗？

1. 有——这一收入差距每个月大约多____元或少____元。

2. 没有　　　3. 不知道

(3) 您参加"新农合"（新型农村合作医疗）了吗？

1. 有　　　　　2. 没有

(4) 您参加农村养老保险了吗？

1. 有　　　　　2. 没有

（●请正式员工回答下列问题）

(1) 您每个月的纯收入是_____元。

(2) 您的收入与周围其他做同样工作的劳务工的收入有差距吗？

1. 有——这一收入差距每个月大约多____元或少____元。

2. 没有　　　3. 不知道

17. 你们每天在公司工作大约_____小时。

18. 你们有过加班的情况吗？

    1. 有   2. 没有（没有加班跳到 20 题）

19. 你们上个月加班的情况是？

    共_____小时

20. 以下有关安全生产的标识，如您认为正确的请画√，您认为错误的画 ×。

必须戴安全帽（　）

拖车连接处乘人（　）

当心烫伤（　）

必须戴手套（　）

当心触电（　）

禁止合闸（　）

21. 您参与过公司举办的职业健康培训吗？

    1. 参加过

    2. 没参加过（●请直接回答第 23 题）

22. 这种培训一般会在什么时候举行？（可以多选）

    1. 上岗前培训   2. 工作过程中

    3. 发生事故后培训   4. 其他

23. 公司多久为你们提供一次职业健康体检？

    1. 半年以下   2. 半年至一年

3. 一年以上　　　　4. 从来没有

24. 您工作的地方环境整洁吗？

　　1. 非常整洁　　　　2. 比较整洁

　　3. 说不清　　　　4. 比较不整洁　　　　5. 非常不整洁

25. 您所在公司制定了预防职业危害的规章吗？

　　1. 有　　　　2. 没有　　　　3. 不知道

26. 您所在的公司有突发安全事件的应急措施吗？

　　1. 有　　　　2. 没有　　　　3. 不知道

27. 您参与过应急措施的制定吗？

　　1. 参加过　　　　2. 没参加过

28. 您所做的工作对身体有危害吗？

　　1. 有　　　　2. 没有　　　　3. 不知道

29. 您目前的工作会产生哪些职业病？

　　1. 尘肺　　　　2. 中毒　　　　3. 眼病

　　4. 肿瘤　　　　5. 耳鼻喉疾病　　　　6. 放射性疾病

　　7. 皮肤病　　　　8. 其他

30. 公司采用新工艺（新技术）会对你们进行培训吗？

　　1. 会　　　　2. 不会

31. （1）你们现在工作的地方对职业安全卫生条件有什么样的
　　　　要求？

　　　　_____

　　（2）这些职业卫生条件的要求是明文规定的吗？

　　　　1. 是　　　　2. 不是

32. （1）您工作过程中需要使用防护用品吗？

　　　　1. 需要　　　　2. 不需要

　　（2）您的防护用品是怎么来的？

　　　　1. 自己买的　　　2. 免费提供

　　　　3. 部分自己买的

（3）公司一般会对职工提供哪些职业病防护用品？

    1. 安全帽   2. 呼吸护具   3. 护肤用品

    4. 听力护具   5. 防护鞋   6. 防护手套

    7. 防坠落工具   8. 眼防护   9. 其他

（4）公司会定期对防护设备进行检查吗？

    1. 会   2. 不会   3. 不知道

（5）您觉得您现在工作的地方安全吗？

    1. 安全，为什么？ _____

    2. 不安全，为什么？ _____

33. 您所在的部门有降低危害的设备吗？

    1. 有   2. 没有   3. 不知道

34. 您目前的工作在安全方面有具体的文字操作指导吗？

    1. 有   2. 没有   3. 不知道

35. 除防护用品外，公司还为您提供了其他哪些方面的劳动保护？

    1. 津贴   2. 实物   3. 其他

36. 公司有职业卫生专业人员对您进行指导吗？

    1. 有   2. 没有

37. 公司是不是为您提供过职业病康复疗养的机会？

    1. 有   2. 没有

38. （1）你们公司有职业病的防护设施吗？

    1. 有   2. 没有（●请直接回答第 39 题）

（2）主要有针对哪些病的防护设施？（在下列职业病中在您认为有防护设施的选项后打√）

    1. 尘肺（ ）2. 中毒（ ）   3. 眼病（ ）

    4. 肿瘤（ ）5. 耳鼻喉疾病（ ）

    6. 放射性疾病（ ）   7. 皮肤病（ ）

    8. 其他

39. 公司会为提高工作的安全性定期淘汰一些老的技术（工艺、设备、材料）吗？

1. 会   2. 不会   3. 不知道

40. （1）公司在醒目位置设置职业病危害方面的公告栏吗？

    1. 有   2. 没有（●请直接回答第 41 题）

  （2）一般会在什么地方的公告栏里公告职业病危害方面的相关信息呢？

    1. 办公室   2. 车间

    3. 宿舍等休息场所   4. 食堂   5. 其他

  （3）一般会在公告栏里写哪些相关信息呢？

    1. 有关职业病防治的规章制度

    2. 安全生产操作规程

    3. 职业安全事故应急救援方法

    4. 职业病危害防治方法

    5. 工作场所职业病危害因素检测结果

    6. 其他

41. 您所在的工作场所有安全通道吗？

    1. 有   2. 没有

42. 你们的职业健康状况会定期反映到上级部门那里吗？

    1. 会   2. 不会   3. 不知道

43. 您有职业健康档案吗？

    1. 有   2. 没有   3. 不知道

44. 你们的职业健康信息会定期更新吗？

    1. 会   2. 不会   3. 不知道

45. 您认为公司有必要对员工实行职业健康管理吗？

    1. 有必要，为什么？ _____

    2. 没有必要，为什么？ _____

46. 您在工作中受过伤吗？

    1. 受过伤   2. 没受过伤

47. 您对工伤后公司的处理有何好建议？

　　———————————————————————

48. 您现在的工作让您感到很疲劳吗？

　　1. 完全没有这种感觉　　2. 没有这种感觉

　　3. 说不上来　　　　　　4. 有一点体力透支

　　5. 完全超出能力范围

49. 你们都采取了哪些预防危险发生的办法？

　　———————————————————————

50. （1）您工作过程中会遇到哪些主要安全危害？（限填三种）

　　　　1. 粉尘　　　　2. 机械故障伤害　　3. 噪声

　　　　4. 起重伤害　　5. 灼烫事故　　　　6. 辐射

　　　　7. 中毒　　　　8. 爆炸　　　　　　9. 其他

　　（2）您是怎么看待这些危害的？（请填写相应危险或代码数字

　　　　在括号中）

　　　　　危险一：（　　　）————————————

　　　　　危险二：（　　　）————————————

　　　　　危险三：（　　　）————————————

51. 请您说说，您是不是同意下面一些关于您与你们公司的说法？

　　（请在下面每个题目后选择一项）

　　1. 我常自豪地对别人说，我工作的公司很好

　　　1. 非常不同意　　　2. 不太同意　　　3. 说不清

　　　4. 比较同意　　　　5. 非常同意

　　2. 愿意将自己的亲朋好友介绍到公司来工作

　　　1. 非常不同意　　　2. 不太同意　　　3. 说不清

　　　4. 比较同意　　　　5. 非常同意

　　3. 我非常愿意在这个公司工作而不是在其他公司

　　　1. 非常不同意　　　2. 不太同意　　　3. 说不清

　　　4. 比较同意　　　　5. 非常同意

4. 我非常关心公司的发展前途

    1. 非常不同意   2. 不太同意   3. 说不清

    4. 比较同意   5. 非常同意

5. 我愿意把公司看成多数员工共同生活的大家庭

    1. 非常不同意   2. 不太同意   3. 说不清

    4. 比较同意   5. 非常同意

6. 我的知识技能在公司能够得到充分有效的发挥

    1. 非常不同意   2. 不太同意   3. 说不清

    4. 比较同意   5. 非常同意

7. 在这个公司工作，我觉得心情很舒畅

    1. 非常不同意   2. 不太同意   3. 说不清

    4. 比较同意   5. 非常同意

8. 我在这个公司能得到比在别的公司更多的收入

    1. 非常不同意   2. 不太同意   3. 说不清

    4. 比较同意   5. 非常同意

9. 我对很多问题的看法和公司的做法基本一致

    1. 非常不同意   2. 不太同意   3. 说不清

    4. 比较同意   5. 非常同意

10. 我发现我的利益和公司的利益是容易协调的

    1. 非常不同意   2. 不太同意   3. 说不清

    4. 比较同意   5. 非常同意

11. 我非常愿意一直在这个公司工作

    1. 非常不同意   2. 不太同意   3. 说不清

    4. 比较同意   5. 非常同意

12. 我能够感觉到公司对我的关心

    1. 非常不同意   2. 不太同意   3. 说不清

    4. 比较同意   5. 非常同意

13. 我在公司的工作有助于我个人的发展与提高

    1. 非常不同意　　　　2. 不太同意　　　　3. 说不清

    4. 比较同意　　　　　5. 非常同意

14. 我的工作成绩能得到公司承认

    1. 非常不同意　　　　2. 不太同意　　　　3. 说不清

    4. 比较同意　　　　　5. 非常同意

15. 在公司中，我们部门的同事都非常好处

    1. 非常不同意　　　　2. 不太同意　　　　3. 说不清

    4. 比较同意　　　　　5. 非常同意

16. 我在这里有很多不在同一部门但很谈得来的朋友

    1. 非常不同意　　　　2. 不太同意　　　　3. 说不清

    4. 比较同意　　　　　5. 非常同意

17. 目前我在公司里的这个工作岗位是最适合我的

    1. 非常不同意　　　　2. 不太同意　　　　3. 说不清

    4. 比较同意　　　　　5. 非常同意

18. 公司安排我干什么我就该干什么

    1. 非常不同意　　　　2. 不太同意　　　　3. 说不清

    4. 比较同意　　　　　5. 非常同意

52. 请说说您在工作方面的一些情况：（请在下面每个题目后选择一项）

    1. 我对待公司工作上的事从不马虎

      1. 非常不同意　　　　2. 不太同意　　　　3. 说不清

      4. 比较同意　　　　　5. 非常同意

    2. 我会主动向外公司的人介绍公司的优点或澄清误解

      1. 非常不同意　　　　2. 不太同意　　　　3. 说不清

      4. 比较同意　　　　　5. 非常同意

    3. 我总是积极参加公司组织的各种岗位技能培训

      1. 非常不同意　　　　2. 不太同意　　　　3. 说不清

      4. 比较同意　　　　　5. 非常同意

4. 我下班后常利用业余时间学习钻研岗位技术

    1. 非常不同意   2. 不太同意   3. 说不清

    4. 比较同意   5. 非常同意

5. 我常留意公司在决策、规定、人事方面的变动与发展

    1. 非常不同意   2. 不太同意   3. 说不清

    4. 比较同意   5. 非常同意

6. 如果同事工作量加重，我会向他们伸出援助的手

    1. 非常不同意   2. 不太同意   3. 说不清

    4. 比较同意   5. 非常同意

7. 即使不是工作中正式要求的事，我也会自愿做好它

    1. 非常不同意   2. 不太同意   3. 说不清

    4. 比较同意   5. 非常同意

8. 公司遇到困难时，我会和同事一起商量解决办法

    1. 非常不同意   2. 不太同意   3. 说不清

    4. 比较同意   5. 非常同意

9. 我一般不会为公司做额外的工作

    1. 非常不同意   2. 不太同意   3. 说不清

    4. 比较同意   5. 非常同意

53. 请问，您是不是同意下面一些关于您的说法？（请在下面每个题目后选择一项）

1. 最近半年来，我感觉很打不起精神

    1. 非常不同意   2. 不太同意   3. 说不清

    4. 比较同意   5. 非常同意

2. 目前我能很快适应工作环境的变化

    1. 非常不同意   2. 不太同意   3. 说不清

    4. 比较同意   5. 非常同意

3. 我能稳定自己的情绪和工友真诚相处

    1. 非常不同意   2. 不太同意   3. 说不清

    4. 比较同意   5. 非常同意

4. 我经常觉得自己很孤独

    1. 非常不同意   2. 不太同意   3. 说不清

    4. 比较同意   5. 非常同意

5. 我经常能得到周围工友的关心和帮助

    1. 非常不同意   2. 不太同意   3. 说不清

    4. 比较同意   5. 非常同意

6. 我最近一个月比平常容易紧张或着急

    1. 非常不同意   2. 不太同意   3. 说不清

    4. 比较同意   5. 非常同意

7. 我比较满意我现在的生活

    1. 非常不同意   2. 不太同意   3. 说不清

    4. 比较同意   5. 非常同意

8. 我现在正处于人生中最辉煌的时期

    1. 非常不同意   2. 不太同意   3. 说不清

    4. 比较同意   5. 非常同意

9. 近一年来我经常远离家人独自生活

    1. 非常不同意   2. 不太同意   3. 说不清

    4. 比较同意   5. 非常同意

10. 遇到烦恼时我会主动向朋友求助

    1. 非常不同意   2. 不太同意   3. 说不清

    4. 比较同意   5. 非常同意

再次感谢您的支持与合作!

后　记

　　本书的研究源于本人承担的教育部人文社会科学规划基金资助项目"农民工职业健康服务管理的企业实现机制研究"（10YJA840043）。项目立项伊始，项目组成员即开始努力认真工作，做了大量的外围调查研究、方法探讨和理论探讨。

　　由于这项研究的思考出发点是如何能够在企业组织中更好地促进企业组织自觉关注农民工的职业健康安全问题。历经两年之久，进入企业进行实证调查一直是一个难以克服的问题，项目的开展始终徘徊在企业的大门之外。但我还是不愿意这项对农民工的研究仍然像许多研究者那样在大桥下面、在出租房内、在工地旁边去寻找"农民工"，我们需要的是在企业内与正式员工一起工作的农民工、企业知道他们所有情况并愿意与我们一道讨论相关问题的农民工；因为不进入企业内部获得样本对象，我们只能知道他们如何"悲惨"，却很难从实证的角度寻找关键性的原因并探索解决问题的办法。真是山重水复疑无路，柳暗花明又一村啊！经过多番联系和努力，最后终于获得了在农民工使用上和职业健康安全服务管理方面做得较好的 Y 企业领导的同意和支持，我们开始进入企业展开实际的调查工作。

　　这项研究把 Y 企业与该企业内的农民工整体作为研究的对象，这样既解决了进入的问题，也使得这项研究更加具有实际的应用价值，研究的成果可以服务于企业也有助于企业表达自己的呼声。在企业相关领导的支持下，研究的调查工作得以顺利进行也达到了原设计的研究目的。

这项研究的顺利完成，首先应该感谢 Y 企业的相关领导能够着眼于社会大局和具有强烈的社会责任感：允许我们深入企业进行调查！

作为项目组的负责人，我也应该感谢项目组所有成员的通力合作。在整个研究过程中，副组长昆明医科大学教授张瑞宏、云南中医学院教授赵晓荣通过直接的讨论和电子邮件的沟通以及身体力行的探寻，对前期的思路、研究的操作化、具体调查单位的确定以及后期资料的分析与写作，做了大量认真负责的工作，使得这项工作能够顺利进行。我的博士生，西南林业大学讲师杨学英、云南师范大学讲师盛莉波；我当时的硕士生蔡晓丽、姜雷、李云霞、张洁一、薛少威、许卫高，以及昆明医科大学学生王翛等参与了具体的调查资料收集工作和后期一些资料的整理分析工作。

本书的构成分为两个部分，一是基于 Y 企业大量实证材料的专门研究报告，二是基于对本书研究内容展开的专题研究。前者在以研究报告及相应的咨询报告的形式提供给相关部门后做了一些修订，形成本书的第一部分；后者分别发表于《思想战线》《江海学刊》《江苏行政学院学报》《云南行政学院学报》《环境与职业医学》《深圳大学学报》和《中州学刊》等期刊（感谢上述期刊对本书研究内容及成果的厚爱！），这些专题研究形成了本书的第二部分。

全书的整体书写大纲思路由我提出，经与张瑞宏和赵晓荣两位教授讨论形成目前的书写架构。最后完成本书研究报告部分各章具体写作工作的分别是王彦斌（第一章），盛莉波、张洁一（第二章），赵晓荣、姜雷（第三章），蔡晓丽、张瑞宏（第四章），朱建定（第五章），杨学英（第六章），王彦斌、盛莉波（第七章），王彦斌（第八章），赵晓荣、王儵（第九章），王彦斌、李云霞（第十章），王彦斌、杨学英（第十一章），王彦斌（第十二章），王彦斌（第十三章）。经过大家的通力合作，书稿终于结笔，全书的统稿工作最后由我完成。

云南省职业病防治研究所教授曹叔翘先生作为职业健康研究专家，为课题组提供了重要的职业健康专业知识和经验。云南经济管理学院教授张开宁先生对于农民工职业健康与国家健康服务体系关系的真知灼见，也对我们的研究有着重要的建设性意义。他们提供的专业知识和经验被整合进了本书之中，感谢两位职业健康研究专家！

这项研究的完成是所有参与者共同努力的结果，其中包括上面提到具体姓名的项目组成员，也包括这项研究涉及的但未提及姓名的各方帮助者（由于这项研究内容的敏感性和相关数据资料涉及所调查企业和政府部门的一些内部情况，出于保密的需要本应具体感谢的相关政府部门、企业领导和人员不能一一提及，他们对本项研究的贡献不言而喻）。感谢大家！

感谢社会科学文献出版社对本书出版的支持，特别是副总编辑童根兴先生的支持，他不仅对我们的选题给予了充分肯定，还为这项成果能尽快面世提供了尽可能的帮助。同时，更要感谢本书的责任编辑胡亮女士，她认真细致的编辑工作不仅使本书文字增色不少更使书中的错误得以纠正和不足之处能够完善。一并感谢两位出版工作者！

王彦斌

2018 年 7 月 24 日

图书在版编目（CIP）数据

农民工职业健康服务管理：一个组织社会责任的视
角／王彦斌，张瑞宏，赵晓荣著. -- 北京：社会科学
文献出版社，2018.11

ISBN 978 - 7 - 5201 - 2799 - 8

Ⅰ.①农… Ⅱ.①王… ②张… ③赵… Ⅲ.①民工 -
劳动保护 - 劳动管理 - 研究 - 中国　Ⅳ.①X92

中国版本图书馆 CIP 数据核字（2018）第 103628 号

农民工职业健康服务管理：一个组织社会责任的视角

著　　者／王彦斌　张瑞宏　赵晓荣

出 版 人／谢寿光
项目统筹／佟英磊
责任编辑／胡　亮　毕海英

出　　版／社会科学文献出版社·社会学出版中心（010）59367159
　　　　　　地址：北京市北三环中路甲 29 号院华龙大厦　邮编：100029
　　　　　　网址：www.ssap.com.cn
发　　行／市场营销中心（010）59367081　59367018
印　　装／三河市尚艺印装有限公司

规　　格／开　本：787mm × 1092mm　1/16
　　　　　　印　张：17.5　字　数：224 千字
版　　次／2018 年 11 月第 1 版　2018 年 11 月第 1 次印刷
书　　号／ISBN 978 - 7 - 5201 - 2799 - 8
定　　价／79.00 元